水晶悟语

（二）

主编 孙新兵

中国建材工业出版社

图书在版编目（CIP）数据

水晶悟语 / 孙新兵主编 . -- 北京 : 中国建材工业出版社，2014.8

ISBN 978-7-5160-0920-8

Ⅰ. ①水… Ⅱ. ①孙… Ⅲ. ①水晶—基本知识 Ⅳ. ①TS933.21

中国版本图书馆 CIP 数据核字（2014）第 167255 号

水晶悟语（二）

主　　编：孙新兵

出版发行：中国建材工业出版社
地　　址：北京市西城区车公庄大街6号
邮　　编：100044
经　　销：全国各地新华书店
印　　刷：济南天舜彩色印刷有限公司
开　　本：787mm×1092mm 1/12
印　　张：10
字　　数：300千字
版　　次：2014年8月第1版
印　　次：2014年8月第1次
书　　号：ISBN 978-7-5160-0920-8
定　　价：98.00元

本社网址：www.jccbs.com.cn
本书如出现印装质量问题，由我社营销部负责调换。联系电话：（010）88386906

目录

名家题词……001
前言……012
宋德辉谈水晶……018
孙新兵天然水晶观赏石赏析……029
晶品人生……046
水晶学堂……062
散文、诗歌……070
浅谈水晶观赏石在中华赏石流派中应有的地位……090
水晶雕刻艺术品赏析……094
东海水晶历史文化探源……104
感悟矿物晶体的美学价值……110

《水晶悟语》编委会

马国超

海军航空兵副政委（正军职，少将军衔），著名的抗日英雄马本斋之子。

刘满才

号：虚竹斋主人、槐香书屋主人。1961 年出生于甘肃庆阳市宁县。先后毕业于武警指挥学院政治系、首都师范大学哲学硕士研究生班。从军 30 年，上校军衔。现任甘肃省文联委员、机关党委专职副书记兼纪委书记、工会主席。联合国文化总署中国书法委员会副主席，亚太文化艺术协会副主席，中国书法家协会会员，甘肃省书法家协会副主席，甘肃省书法家协会鉴定评估委员会副主任，甘肃国画院副院长，甘肃当代书画院副院长兼秘书长。书法作品曾入选敦煌杯全国书法大展、中国首届西部书法篆刻展、中国永乐宫第二届优秀作品展等数十次军内外、国内外书法大展并获奖。先后获第三、四、五、六、七届中国武警文艺奖。

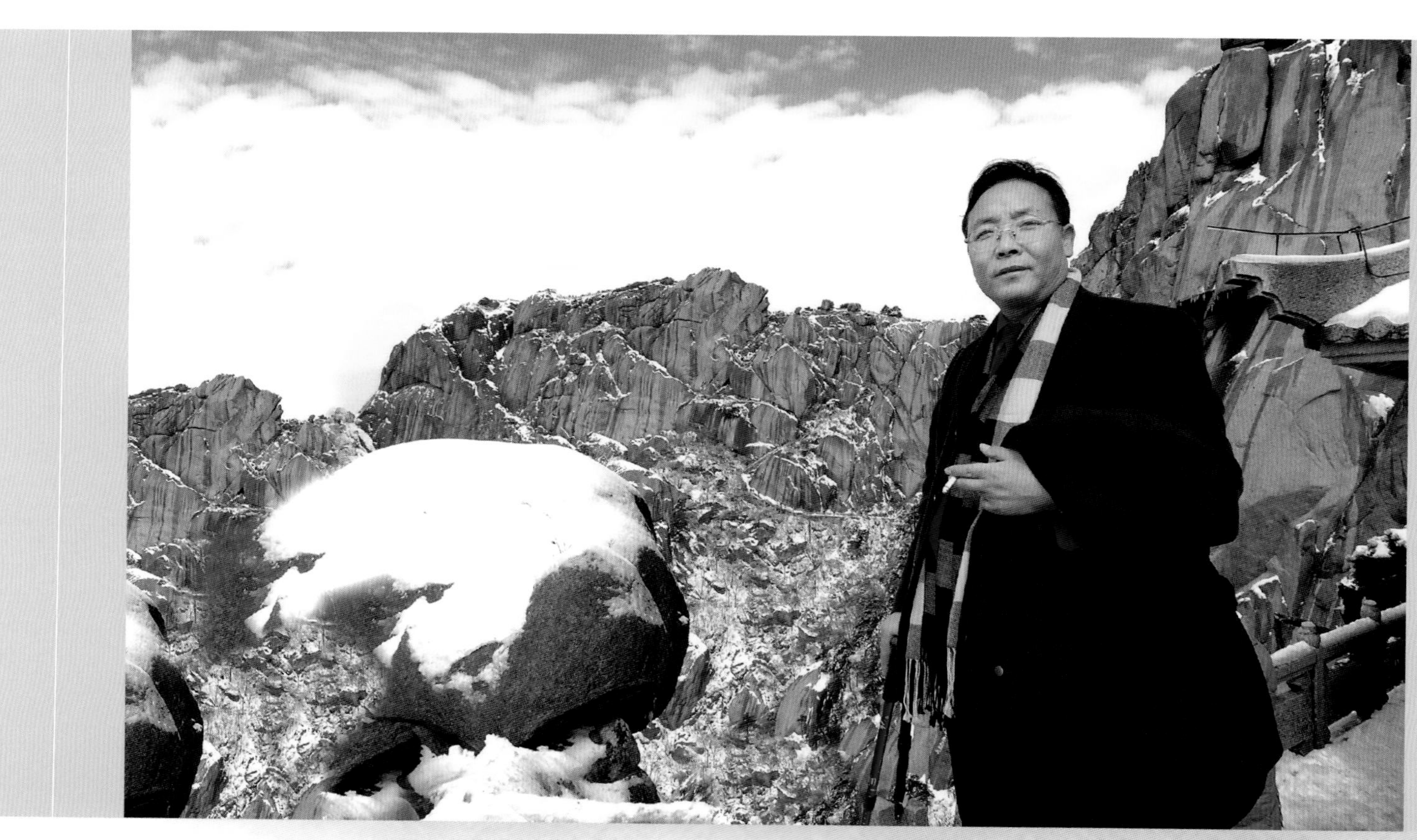

刘满才

水晶悟語

癸巳年夏 劉海才題

高海云

礼县红河乡人，中国民主同盟盟员，中国硬笔书法家协会会员，甘肃省书法家协会会员，民盟甘肃省委艺术家工作委员会委员，敦煌佛学书画院副院长，礼县第六、第七届政协委员，八届政协常委。

书法作品入选、入展、获奖：

1989年毕业于中国书画函授大学书法专业；

1989年3月入选中国美术馆举办的《全国硬笔临写传统碑帖展览》；（华艺硬笔习字会）

1991年7月入选北京军事博物馆举办的《庆祝建党七十周年全国硬笔书法艺术大展》；（中国当代硬笔书协）

1994年5月《94. “烟台杯”国际硬笔书法大奖赛》银奖；（中国硬笔书协）

1995年6月甘肃省第二届硬笔书法大奖赛二等奖；（甘肃硬笔书协）

2001年10月入选《银川美术馆第十届中国书画展》（银川美术馆）

2006年7月《纪念毛泽东同志逝世30周年“橘子洲杯”全国书画大奖赛》银奖；（长沙市文联）

2007年5月《纪念毛泽东在延安文艺座谈会上的讲话发表65周年全国书画大奖赛》金奖；（长沙市文联）

2008年10月书法作品入选《甘肃民盟书画作品提名展暨重建家园大型书画作品拍卖会》；（民盟甘肃省委）

2011年7月作品被评为“全国第二届硬笔书法家百强提名”；（中国硬笔书协）

2013年4月《墨香之约.魅力韩国——中国书画家赴韩国访问团中韩书画家交流展》获金奖和文化交流奖；（中国国际书画家协会）

2013年入选《正立阳光.第二届希望圆梦杯全国书画展览》；（甘肃省书协）

2014年3月入展《甘肃省首届公务员书法展》（甘肃省书协）

2014年3月入展《甘肃省第四届新人书法展》（甘肃省书协）

2014年5月《甘肃省书法创作提高班（优秀学员）结业展》；（甘肃省书协）

作品曾发表《书法导报》，《甘肃日报》《甘肃农民报》，《甘肃交通报》，《甘肃社会文化报》等报刊；收入《中国现代艺术人才大集》《中国书法家全集》等20多部辞书。

曾出席在北京中央直属机关礼堂举行的“华艺硬笔习字会第一届全国会员代表大会”，北京军事博物馆举行的“庆祝建党七十周年全国硬笔书法艺术大展”开幕式，2013年4月28日至5月3日作为中国书画家访问团成员赴韩国书画交流。

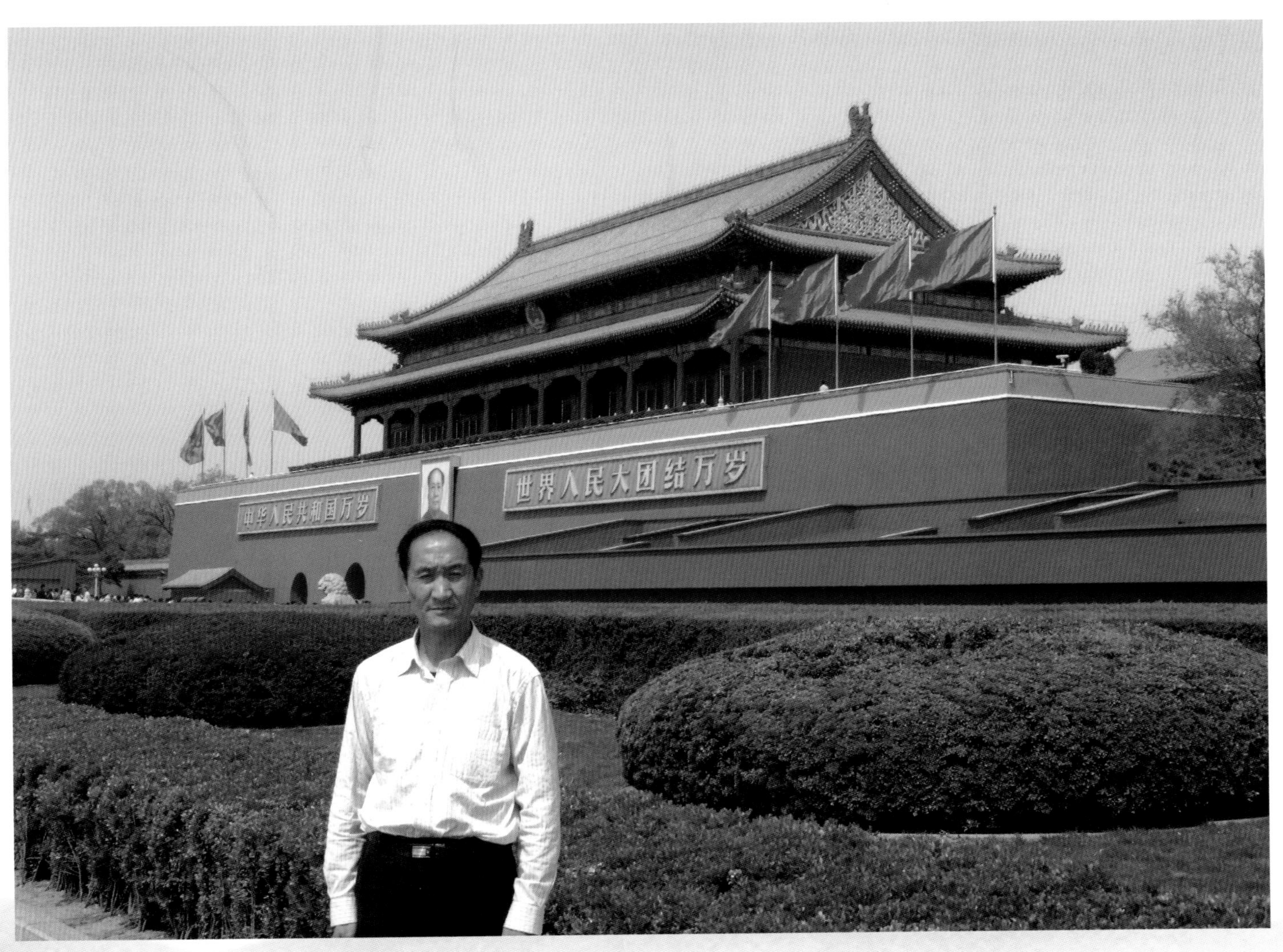

高海云

高樓賀監昔曾登，壁上筆蹤龍虎騰。中國書流讓皇象，北朝文士重徐陵。偶因獨見空驚目，恨不同時便伏膺。惟恐塵埃轉磨滅，再三珍重囑山僧。

錄劉禹錫洛中寺北樓見賀監草書題詩一首 歲次癸巳之秋漢江田[illegible]書

龍聽經音滋法雨
四環佛閣譜慈雲

癸巳年孟春

高峰

2014年春日，敦煌书画院院长高峰，在观赏水晶之际，豪情大发挥毫画作精美的敦煌飞天及南海观音菩萨，以飨广大《水晶悟语》读者。

敦煌飞天

南海观音菩萨

绽放在枝头的喜悦

《水晶悟语》的出版，在社会上、尤其是水晶业界引起了广泛的影响和关注。水晶观赏石的品赏；水晶题材的诗歌、散文、小说；水晶知识的讲解；水晶众多美丽的传说故事；水晶雕刻艺术品的品鉴等形式多样的栏目，从多角度去宣传水晶、宏扬水晶。在此基础上推出的『晶人风采』，通过对水晶从业者队伍中的精英人物的大力宣传，更是对整个水晶文化事业的发展起到了一种推波助澜的作用。

可以说，《水晶悟语》已经成为宣传水晶文化，探讨水晶价值，挖掘水晶历史的一块自由而重要的阵地。也成为越来越多的水晶从业者精英的俱乐部。

《水晶悟语》能有今天，和它既严谨又活泼的风格是分不开的。它的严谨体现在秉持能够进入它门槛的每一件水晶作品，大到登堂入室的摆件，小到一条手链，一个挂坠，都必须是天然的，精致的，原创的。品赏水晶也是客观地引领大众理性而高雅的去看待和欣赏这种天地灵石。在水晶的历史上，虽然大家对它的认识也是波波折折的。但这种认识却是连续的、稳定的，不断稳固进步的。水晶的价值体现也是跟随着稳定上升的。从来没有任何一个历史时期时间段，水晶有过『感冒』，从而『虚火』旺盛一时的现象！这在宝石界甚至非宝石界，是非常难能可贵的。它的恒久和它自身的质地一样，虽晶莹剔透却又含蓄内敛，虽秀美绝伦却又甘于寂寞。它不是如当初的某某石种一样，也不是如时下的某某石种一样，由名不见经传到突然之间一夜成名，广受追捧。水晶一直就是水晶，几千年上万年一路走来，品质不变，风格不变。不管未来是不是还会出现众多的新名词石种，甚至一种普通的石种加上一个不普通的名字，就如相声中的萝卜，要叫『宫廷萝卜』一样，盲目吹捧，抬高身价……水晶依然是水晶，几百年几千年几万年，都叫水晶！

《水晶悟语》亦如它宣传的水晶一样，晶莹剔透、冰清玉洁，风格多样。任尔乱风拂面，也坚守品格不变。哪怕独守着美丽的寂寞！

鉴于《水晶悟语》的影响和众多业界精英的要求，特此推出《水晶悟语》之二。在我和我的众多的同仁们努力下，我坚信，《水晶悟语》这个平台会越来越坚实！

周口店遗址博物館
北京猿人
七十七万年
水晶的原生符号呼唤着我们，当水晶文化的奠基元素与历朝历代的水晶遗存物转变成人民大众内心的情感，就是水晶文明的复活与更新。
水晶文明史上，东海人民新时代原创精神依然感人……
——宋德辉

宋德辉

中国古水晶遗址分布图
江苏省行政区
博物馆馆藏
①苏州市博物馆 水晶花插 明代
苏州市博物馆 棕晶太少狮 清代
②无锡市博物馆 水晶项链 南宋
③常州市博物馆 水晶镇纸 南宋
④南京市博物馆 鹦鹉纹水晶环 明代
南京市博物馆 水晶簪 南宋
南京市博物馆 水晶印章 晚清
⑤徐州市博物馆 水晶衣带钩 汉代
⑥扬州市博物馆 嵌水晶鎏金银钗 唐代
①1984年 东海大贤庄旧石器时代晚期遗址 水晶石核（1万年）
2006年 连云港将军崖旧石器时代晚期 水晶制品（2-3万年）
②1988年 徐州市屯里拉梨山东汉石室墓 水晶珠
1991年 徐州市屯里拉梨山东汉石室墓 水晶饰件
1997年 徐州市花马庄唐墓 水晶球
③1992年 昆山市赵陵新石器时代遗址 水晶器制品
④1995年 邳州市九女墩战国西汉墓 水晶珠
⑤2001年 南京市仙鹤观东晋高菘家庭墓 水晶珠
2009年 南京市大报恩寺遗址 水晶球
1955年 江苏江宁县夹岗门乡东晋古幕 八棱水晶珠
1959年 南京老虎山晋墓 水晶珠
1961年 南京中华门外晋墓 水晶珠
1972年 南京象山5#6#7#墓 水晶珠
1973年 南京大学北园东晋墓 水晶珠
1980年 南京北郊郭家山东晋墓 水晶片
1973年 江浦黄悦岭南宋张同之夫妇墓 水晶珠
1988年 南京江宁县牧龙镇宋秦桧家庭墓 小水晶枕
1962年 南京中华门外明墓 水晶牌
1986年 南京明代吴桢墓 水晶挂饰
1999年 南京市明黔国公沐昌祚、沐睿墓 水晶饰件、水晶环、水晶珠、水晶簪
⑥1973年 铜山小龟山西汉墓 水晶珠
1973年 徐州铜山西汉三国 水晶珠
⑦1989年 新沂花丁村新石器时代遗址 水晶
⑧1988年 吴县春秋吴国 水晶珠
⑨1957年 江苏宜兴晋墓 水晶片
1953年 江苏宜兴周墓墩古墓 水晶片（六朝）
⑩1974年 江苏丹阳胡桥南朝大墓 水晶管饰
⑪1980年 江苏邗江蔡庄五代墓 水晶珠
⑫1983年 镇江东晋墓 水晶珠饰、绿晶石球饰
⑬1964年 无锡市元墓 水晶菱形饰品
⑭1975年 苏州虎丘王锡爵墓 水晶杯
1981年 苏州七子山五代墓 水晶珠
⑮1987年 太仓县明黄元会夫妇墓 水晶印
⑯1991年 常熟城郊明代墓 水晶珠
⑰2012年 盱眙汉代水晶衣带钩
东海 ①连云港
⑤②徐州
⑥铜山
④邳州
⑦新沂
淮安
盱眙 ⑰
⑥扬州 ⑪
⑫镇江
⑤
④南京
丹阳 ⑩
③常州
⑬②无锡
⑯常熟
⑮太仓
⑨宜兴
⑭苏州 ①
③昆山
⑧吴江
中国古水晶遗址分布图 江苏省行政区
资料：国家图书馆、各省市博物馆、考古研究所、文物单位
编制单位：东海尚博水晶艺术文化研究院
知识产权人：宋德辉
制作日期：2012年11月15日

中国古水晶遗址分布图

中国古水晶遗址分布图说明

唤醒沉睡的历史

中国古水晶遗址分布图（江苏省行政区），为全国总图之分图，全国总图将在每一行政区分图集结事毕后汇集完成，内容原则上视现有成果而定，分布图一般只画出一级政区界线治区，不画县治和其它地名，二级政区只画治所不画区界。本图可以窥视每一历史时期水晶遗址及所标示的水晶历史遗存物，可服务于专业工作者及广大读者，我对水晶界所能作出的贡献也藉此显示。

古水晶遗址乃中华水晶文明之遗存所在，呈现中华传统文化之血脉，凝聚现代水晶文明建设之精神动力。水晶文化的内部规定性由它的历史性决定的，没有这样一个内在的质的规定性，也就无所谓水晶文化的发展演化，内部规定性决定了水晶文化的个性以及发展演化的差异性。

本图的问世，希望能对水晶历史文化普及性不足能有所补益，它不同于一般的知识读物，反映了我国老一辈考古专家的辛勤工作，历史学家治学研究的广度与深度，经由本人统摄，分理，集结，有理由相信：“当现代之机，当时代之机，当水晶业蓬勃发展之机”，分图尽量做到形式新颖，流畅易懂，不当之处，遗漏之处，错误之处，恳请业界同仁予以指正，俾得予以修正。

对于这个世界来说，所有的一切都会随风逝去，只有历史会留下来。斯塔夫里阿诺斯（《世界通史》作者）曾说：“现代人所取得的一项杰出成就就是对过往历史的研究再现……。”我们并没有因为信息泛滥而实现信息的满足，步入国家图书馆，博物馆，走向文物所、考古所、大学、遗址、将信息梳理整合是作为一名水晶文化研究者内心的求索，心的世界里向往真正的“历史”，同时也满足了我对水晶历史文化那份热情、执着、兴趣和性情。

事实证明，图式的观点对文化史及研究者产生极大的推力，心理学家有过这样的结论，没有图式就不可能感知和记忆任何东西，一些哲学家也赞成这样的观点（《什么是文化史》英 · 彼得 · 伯克）。历史使人类的智慧超越了生命限制，因为历史，文明诞生了，因为历史，新问题有了新的答案。“文化上的每一个进步，都是迈向自由的一步。”（《反杜林论》恩格斯）

水晶历史文化及其深藏的信念带给我们求索未来水晶历史文化的使命，如此，水晶文化的教育教化将得到延续。“文化是一个民族的精神和灵魂，是国家发展和民族振兴的强大力量”（《党的十七大五中全会决议》）。

谨向为（《古水晶遗址分布图》江苏行政区）编制作出贡献，给予帮助的所有专家、学者、企业家、朋友表示衷心的感谢！

《鸟》· 商代

水晶表面呈铁褐色，小巧莹润，整器出坯后，再磋磨出平缓微凸的表面，使眼睛隐隐突出，不露雕琢痕迹，显得灵动可爱。

——宋德辉
尚博水晶艺术文化研究院

《水晶承露盘》

西汉，通高51cm，水晶雕琢的大型礼器，分八层琢成。《三辅黄图》曾载：玉晶千涂国所贡也，武帝以此赐偃，说明汉代已有水晶盘。汉武帝元鼎二年（前115年）长安城建柏梁台，上置承露盘，承接晨雾朝露，以露水和玉屑服之，以求仙道。

水晶佛教造像究义浅探

水晶佛教造像，唐以降千又数百年，别开生面，独树一帜，依仪轨，有量度、有证量、有诚心，克服难工瓶颈而现超凡“妙胜”圣相。佛教造像是和佛教教义紧密结合的，故修证佛法，理解佛教，弘扬佛教文化，必须由有相到无相，由方便般若而证实相般若。

古往今来，人们认为世上最纯净之物莫过于水晶，寻常被比作贞洁少女的眼泪，天地万物精华，圣人智慧的结晶，佛家喻为“大地舍利子”。

代代有福（佛）

《因明论》“‘心’的定义是光明能见，本质自性如水晶体”。艺术家以自性清净天然水晶为媒材塑佛之三昧耶形，这一象征纯粹的意识能够认识到可以穿透一切的“空性”以及“理事不二”佛教义理，以水晶为体，以性空为性来认识人生、改造人生，艺术家开始着意于佛教艺术精神的渲染，传达感染力的永恒，抒发内心情感，释放生命能量。

《增一阿含经 广演品》“观如来形未曾离目。以不离目，便念如来功德”。水晶佛像因客观自然形式提供观“有”之体相方便，“相相谛取，系心在像”，由色身观，而法身观，而实相观；因主体心理形式提供观“空”之体性实相，不空而空，空而不空，有相而无相，无相而有相；在定中观佛像，在定中见佛像深奥教义，佛法真谛，是为般若的究竟。“心目观察如意得见。是为得观像定。然后进观生身，便得见之，如对面无异也”，（《思惟略要法》鸠摩罗什译）。艺术家也因此超越器嚐浮丽，逐渐表现出艺术思想成熟后的深邃。蕴集宝贵哲理，将吸纳了万千经文于一体的佛像，呈现为具足佛法理趣，崇高庄美的直觉形象，一一相，一一好，一一色，万德庄严，佛像宛然，是为般若的不空，震撼了无数信众。

我们从生命美学的视角体察，人与水晶隐喻着人的生命存在的还乡性和回归母体的深厚感情，呼唤人与自然的和谐共生，呼唤人对于自然和所有生命形式的道德责任，从而获得空灵的诗意。水晶艺术家的楷模性经典之作或明日的古典，已获得业界广泛肯定。“六大无碍常瑜伽”，“四曼相即各不离”，佛像表法，可以解读成佛教自东汉初传以来的一种承传，流露出个体与现实的意义。诚目前改革开放深化，佛教文化净化人心，启迪智慧之必需，促进精神文明建设之所当务。

千又数百年空间造型文明，新纪元美学图腾，活化了水晶佛教造像古老艺术形式，保证了这一形式的特殊人文价值；阐发了中华民族审美领域深层心理结构，而艺术的宗教性体验，也便在中间显示出独特的社会精神效能。

佛的世界也可以说是佛像的世界，佛像的世界也可以说是佛的世界，而水晶的本质特性连接现代艺术和美学原典意识，最是契合佛教的世界。

呀！那鲜明连着的纯粹，更有慈悲流出的性情，掀动了华藏春心……

——宋德辉
水晶艺术评论家

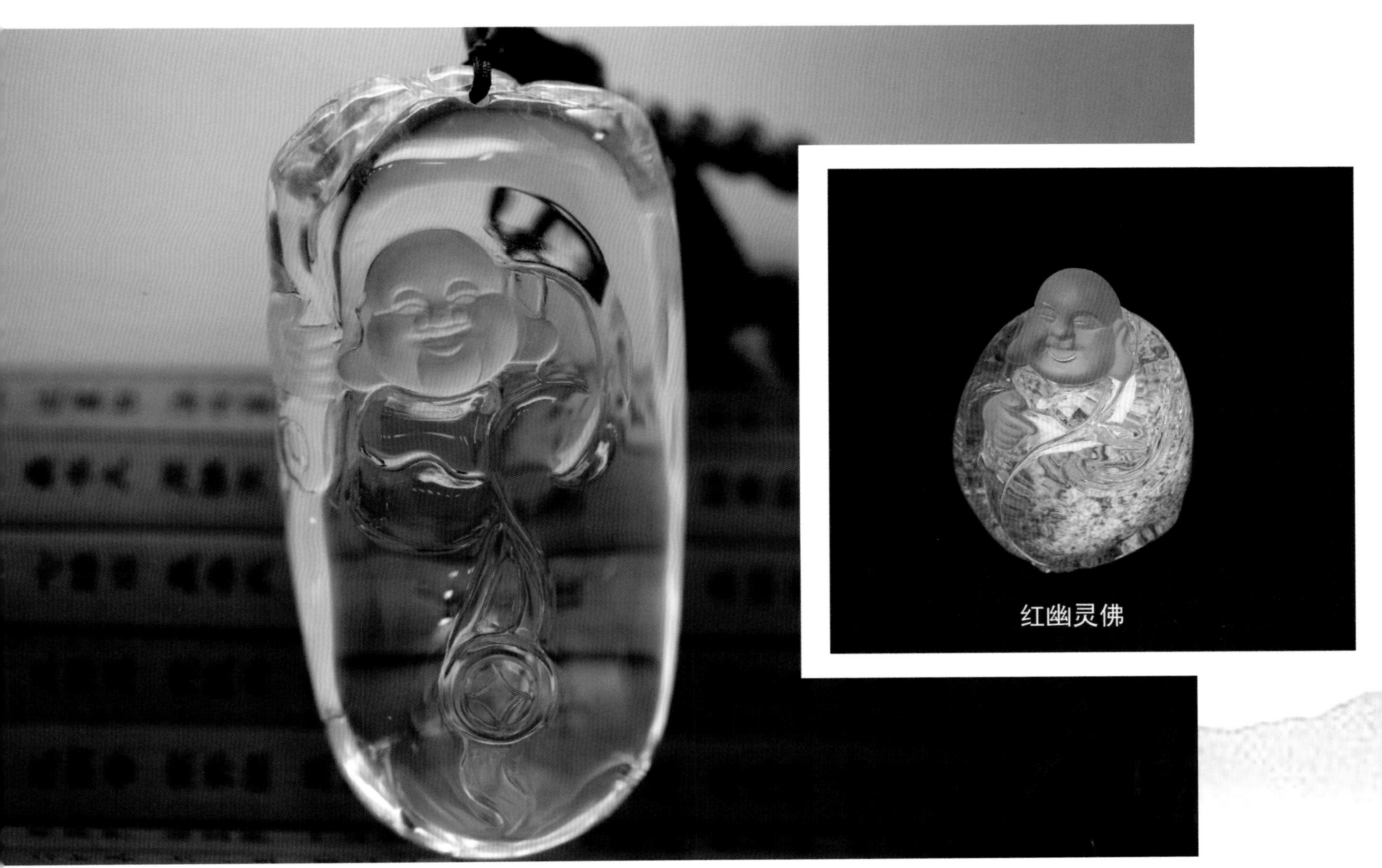

红幽灵佛

白水晶佛

红毛兔水晶（寿 星）

佛祖

关 公

如意佛

孙新兵
（主 编）

题 名：大漠孤烟直

材 质：天然异象水晶

规 格：10cm*20cm*21cm

收 藏：孙新兵(水晶悟语)

赏 析：黄沙莽莽，无边无际；劲风疾吹，卷走天边残云；不见草木，断绝行旅踪迹。一派雄浑之中，极目远眺，但见天际一缕孤烟升腾，有如狼烟，直而聚，虽朔风疾吹而不弯斜……置身沙漠之中？抑或是一幅画？都不是！这雄奇瑰丽的画面，深藏于千年精灵的心脏之中，祭奠大诗人王维在千年之前的咏叹，穿越时空，悠然长诵：“大漠孤烟直，长河落日圆。”

题名：舒心乐意

材质：天然异象水晶

规格：37*42MM

品鉴：此枚水晶小景石，托于手掌之上，不免油然就产生一种愉悦之情。画面很美，又很有规律，十之八九的赏者，看第一眼，都会想到：这分明是一把梳子，外婆的梳子，妈妈的梳子……阳光下，暖暖的院子里，小板凳上坐着慈祥的外婆，拿一把梳子，在阳光里梳着一头的白发，梳走了时光！脚边上，卧着一只花猫，似睡非睡。妈妈则在忙碌着，张罗着做饭，洒满阳光的院子里，就充满了笑声和暖意，充满了和谐、安宁……

凝视此石，你是否也会如我一样，回忆起快乐的童年！

题名：狗首

材质：天然异象水晶

规格：24*32MM

品鉴：亭台轩榭，繁华似金帛，春梦了无痕；曾几何时，硝烟遍起，十二生肖见证了圆明园的盛极与衰落！国破山河，命运多舛，颠沛流离，十二生肖亦相聚无期。国运昌盛，续写中华崛起的篇章。流离失所近两个世纪，炎黄子孙不忘祖根，赤诚之心，感染了青铜，十二生肖必将迎来大团圆的时刻。

青铜，不要哭泣；狗首，不要哭泣。

中华已再次崛起。狗首，天地有灵，让你的姿态永驻晶心，昭示炎黄子孙，铭记历史，奋发图强，展望未来，实现中国梦。

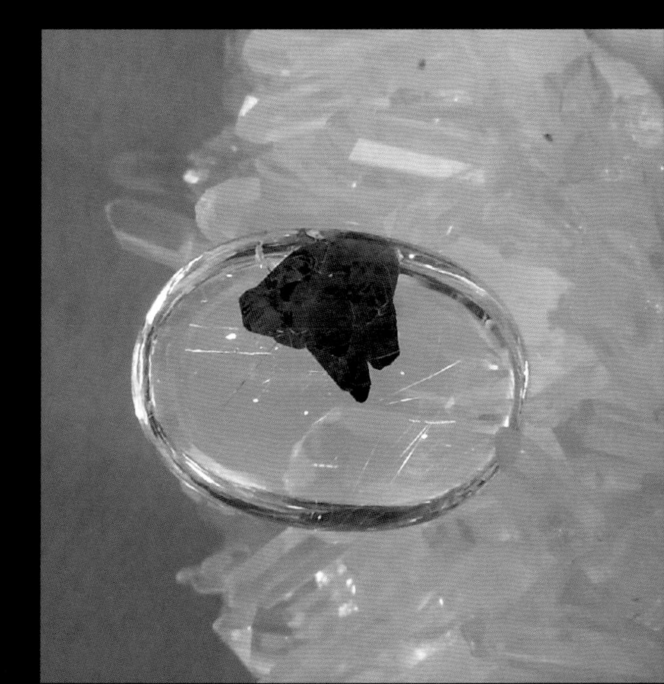

题 名：美猴王

材 质：天然异象水晶

规 格：42*68MM

品 鉴：说你是猴，为何你不再乖戾，顽皮？

说你是石，为何祥云升腾，灵猴惟妙惟肖？

只有你一水晶，才会如此神奇，把美好的传说，刻成有形的记忆；不是雕者的创造，不是画师的挥毫，你是自然的鬼斧神工，让我们探寻的目光，随着你的画卷展开想象：是那顽皮的猴王，脚踩祥云去赴王母娘娘的蟠桃宴，看那云端还有神鹤在飞翔；是那世外的仙境，让猴王流连忘返；是那桃园里，满林的寿桃，引来大圣的驻足……似有仙乐飘飘，吟诵盛世吉祥！

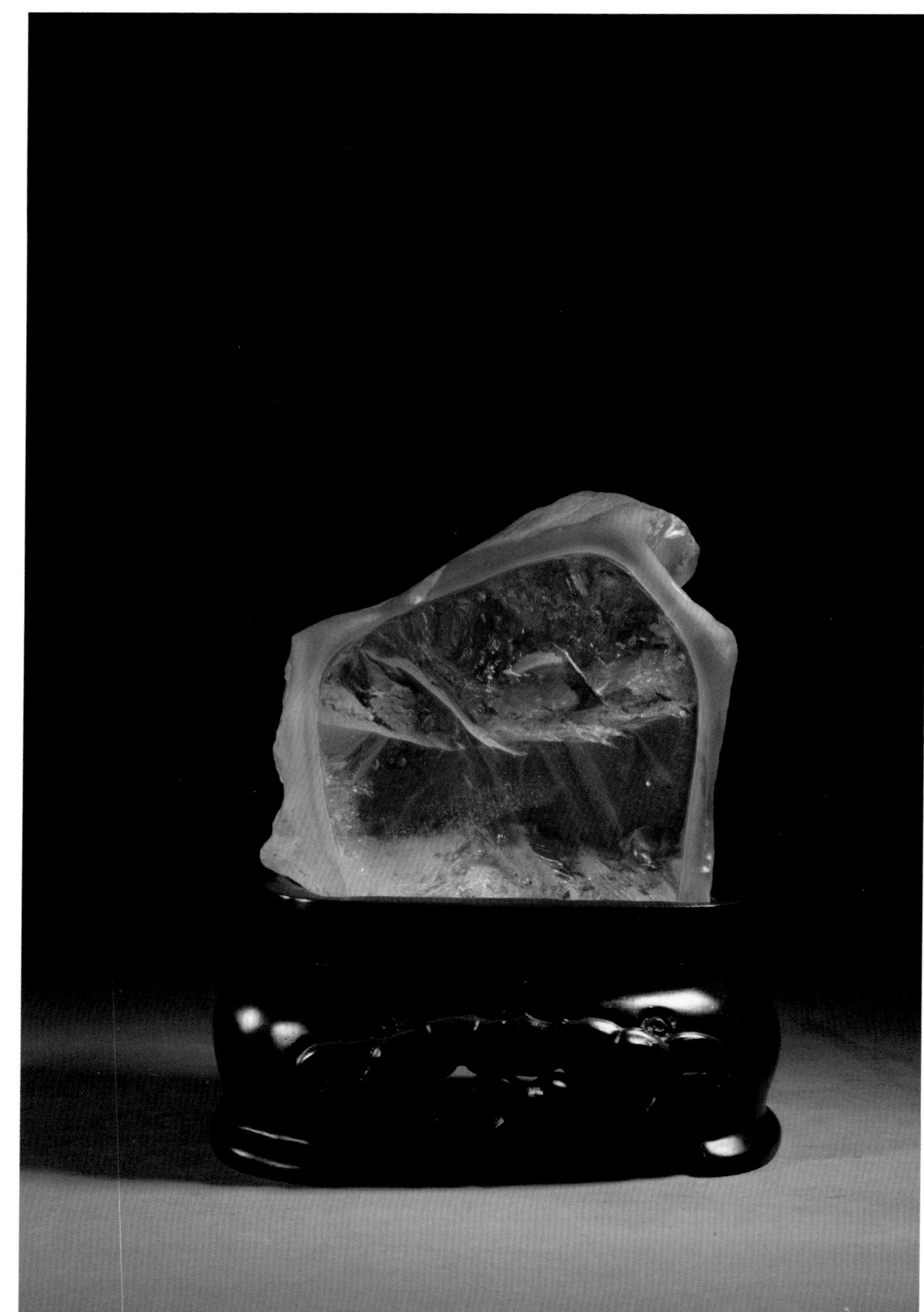

题名：鱼跃飞瀑

材质：天然异象水晶

规格：15cm*14cm*10cm

收藏：胡明华（碧云轩水晶商行）

品鉴：这一方水晶石很有意思，外形的石皮均没有动，只选择石的一面抛光，抛去石皮，让里面的景色呈现出来，犹如孩提时代看的万花筒一样。

跃入眼帘的竟然是一幅如此生动的美景：山岩错落，水汽蒸腾，涧水垂挂出一帘瀑布，一条鱼奋力跃出水面，动作优美，动感十足。鱼的自由自在，鱼之乐一览无余，不禁想到《诗经·大雅》所言：『鸢飞戾天，鱼跃于渊』。

鱼在古时候通『余』，故『鱼』有『连年有余』、『吉庆有余』之说。所以鱼又象征富足、富贵。唐宋时期，显贵达官身皆佩以金制作的信符，称『鱼符』，以明贵。

成语『如鱼得水』也是用鱼来比方，描述工作、生活、事业和谐美满，幸福自在。

所以，鱼是人们喜爱的吉祥之物，和鱼有关的摆设也深受人们的欢迎。

题名：一苇渡江

材质：天然异象水晶

规格：59*46*22MM

收藏：吕夫生（缘生圆水晶）

品鉴：这是一枚上品的水晶观赏石。晶体完美，内包裹石中石（也称『晶中晶』）形成一个形似佛教世界里的达摩祖师造像，须眉具现，踏着江波而来。见此画面，不由想到『一苇渡江』的典故。传说达摩祖师渡过长江时，并不是坐船，而是在江岸折了一根芦苇，立在苇上过江的。也有儒家典故云：『一苇』并不是一根芦苇，而是一束芦苇。因为《诗经》里面有一首《河广》，诗中说：『谁谓河广，一苇杭之。』唐人孔颖达解释说：一苇者，谓一束也，可以浮之水上面渡，若桴筏然，非一根也。观赏此枚水晶，品读典故，今天的我们，没有必要去争询是一根芦苇，还是一束芦苇。更深地感悟则是达摩祖师不辞辛劳，从遥远的国度一路走来，破衣芒鞋，见山朝拜，遇寺坐禅，『传法救迷冥』的一片佛心，教化大众心怀悲悯、善良，纵『一苇』亦可渡江。心浮气躁，自我为是，则纵『一束苇』，也难以渡过『心河』。

达摩祖师，化身水晶之中，教化众生，警醒世人！

题名：明眸善睐

材质：天然水胆水晶

规格：28*33MM

品鉴：水胆水晶是水晶品种里，最为灵透的一种。在水晶的心脏，亿万年前的纯净的圣水，还没有人类时期的地球上的水，在水晶母亲的心脏里，自由地滚动，好奇地注视着它之外的世界。那种灵动、纯洁，似少女的眼眸，和你对视，让你无端地就会抛弃内心的贪欲，杂念，浮华，让你无端地宁静、向善……

有的朋友说：此枚水胆宝贝，造型似一只翘首的『和平鸽』；有的朋友说，造型像是联通世界友谊的足球赛场上的国脚……

本来景石里的景色，是一种神似！观赏者不同的阅历，可以看出不同的象形体！但不管它像什么，那灵动的，自由欢快的小水胆，我还是觉得它是一抹眼神掠过的波，掠过的清纯，传递着流淌过心灵的真诚！那不是静止的，不会说话的『石』，那是鲜活的生命！

题名：紫发晶达碧兹

材质：天然水晶

规格：42*50MM

品鉴：达碧兹是一种宝石特殊的生长现象，由独特的六边形和放射状旋臂色带，以及微小云雾状包裹体构成。代表健康、财富、爱情、幸运、智慧、快乐。

此枚达碧兹生成于紫色的发晶中，色彩艳丽高贵，如紫罗兰一般娇妍的拖曳着百褶长裙，如朝露下，沐浴着第一抹阳光，娇羞绽放的紫薇；那份美，沁入骨髓，让靠近它的心灵，油然产生一种悸动，滋生着温婉、幸福。这种幸福，伴随着它高贵身份的骄傲，绵绵地漫延，漫延至远方。值得你用一生去守候！

题 名：十字架
材 质：天然象形水晶
规 格：24*32MM
赏 析：“十字架”标志是最古老的，具有大量神秘意义的一种符号、象征。也是最为人们所熟知的一种造型。竖线表示神与人之间的联合，横线表示人与人之间的团契。传达着一种虔诚、信仰、慈爱、交融合一。

传说，十字架是基督教的信仰标记。也是象征着“拯救”，因为同时，十字架又是古罗马的一种刑具。

总之，由一个“十”字的标识，可以穿越古今历史，让人们油然浮想起“基督”“耶稣”“十字架”“牧师”等带有西方色彩的传统文化……

在一枚小小的水晶石里，由横竖两道碧玺而生成的“十字架”，却让人惊叹之余，更感叹水晶的神奇，将诸多的历史，永恒地记录下来，让人们穿越历史，回味古今！

题 名：发财树
材 质：天然异像水晶
规 格：30*39MM
赏 析：乍一看此枚水晶，心里不禁掠过一丝震撼，虽然明知这是一幅大自然的杰作，心里仍是强迫自己去怀疑，怀疑如此美丽的经典，经典的美丽！即使一个善于用墨着色的高明画家，能画出如此美丽生动可人的小树，也是一种极高的挑战啊！

经验告诉我，其实怀疑是多余的—本来就明知这一点的！

这种可人的“小树”，行内一般流行统称“发财树”，也许大家图个口彩吧！又有谁不喜欢这一喜庆的名字呢！俗和雅是相互的，大俗反而大雅！在如此高雅晶莹的水晶心脏中，伴随着菱锰矿形成色彩可人的“发财树”，除去美丽之外，不能不说也是一种“大俗大雅”！

众里寻他千百度

——记情系三清山的水晶人鲁文同

三清山是道教名山，江西省第一个世界自然遗产，又是世界地质公园、国家自然遗产、国家地质公园、国家5A级旅游区、全国爱国主义教育示范基地，它以“奇峰怪石、古树名花、流泉飞瀑、云海雾涛”四绝吸引天下游客。

东海是江苏北部的一座小城，一座以盛产水晶而闻名中外的“水晶之都”。

三清山和东海，两个看似毫无关联的地方，一个以风景秀丽独步天下，一个以盛产水晶而闻名中外，两地相距上千公里，却因为一个人，把这看似毫无关联的两个地方，紧密地联系起来，联系到一起！这个人就是鲁文同。

鲁文同，土生土长的东海人，从小他身边的亲人朋友挖掘水晶、加工水晶、销售水晶，他耳濡目染，对水晶产生了浓厚的兴趣和无限的感情，尤其是对水晶景石情有独钟。晶莹剔透的水晶世界里别有洞天：有的似清风道骨闲云野鹤，有的像烟霞雾霭桃源仙境，有的如大河奔流千帆百舸，有的宛水墨丹青苍松劲柏，有的犹雄鹰鸿雁远山如黛……这一切，都让鲁文同着迷。有时候，他手捧一块水晶景石，左看右看，一看就是半天，不忍放下。正因为如此，他从部队转业之后，放弃了做公务员的大好前途，义无反顾地投入到水晶行业里，成为了“水晶人”的一员。

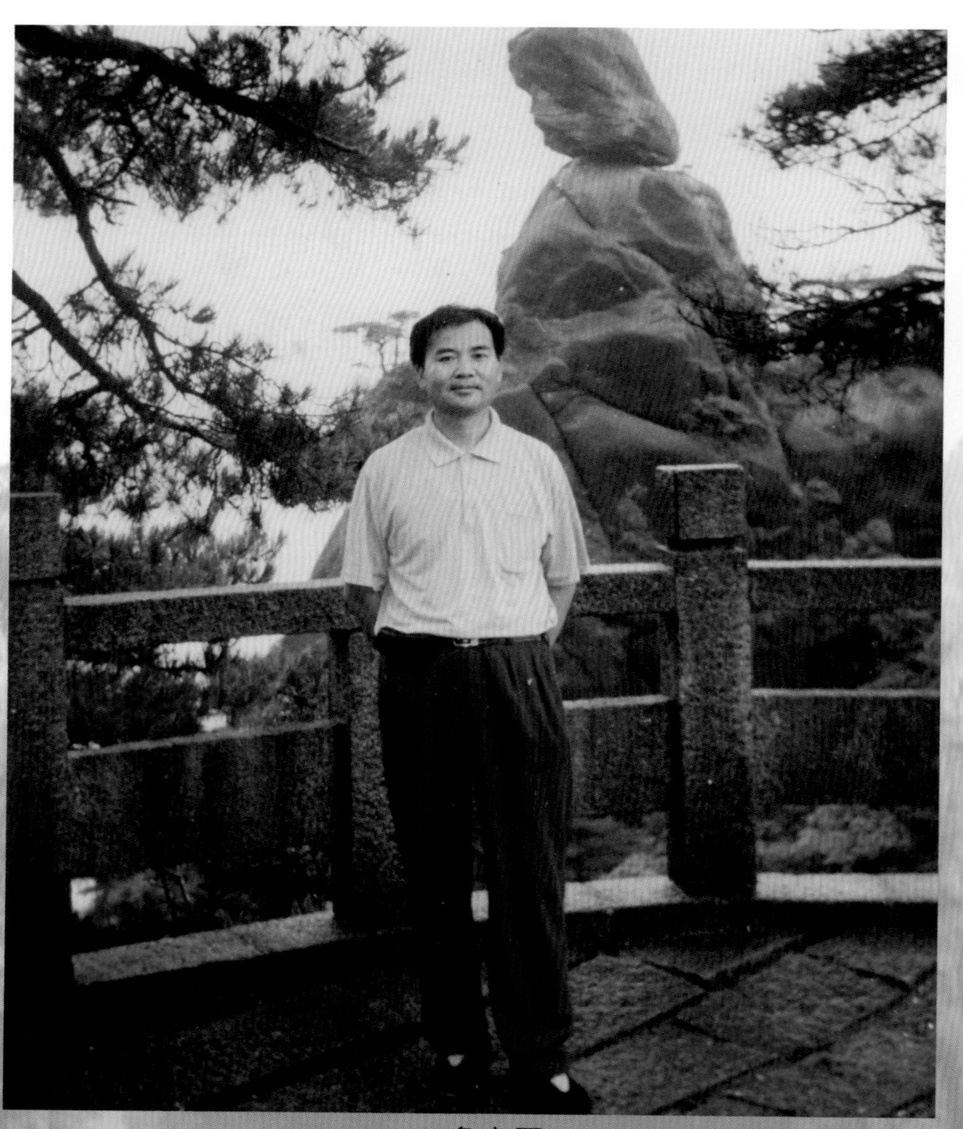

鲁文同

说起鲁文同和三清山的缘份，则缘于多年前他在《中国少年报》上看到的一篇报道。报道中把三清山誉为“江南第一仙峰、世上无双福地”。看到报道之后，喜爱山水的鲁文同萌生了去三清山看一看的想法，军人出身的他念头一来，说去就去。第一次踏足三清山，他就完全被吸引了，被陶醉了！三清山千峰竞秀，万壑奔流，丛林茂密，珍禽栖息，集天地之秀，纳百川之灵！鲁文同当即决定在三清山住下来，选位置，开店铺，把水晶生意引到了三清山……从此，江西的三清山和江苏的东海之间，多了一个来去匆匆的身影！

欣赏着三清山的美景，做着水晶的生意，儿时的爱好成为了自己人生追求的事业，热爱自然的性情得到恣意的释放，尽管来去频繁，鲁文同却乐在其中，因为三清山的奇峰异景，一草一木烙印到他的脑海中。

一次，鲁文同回东海选货，在水晶集市的一个摊位上，他突然眼睛一亮，看到一块水晶景石，里面天然长成的美景，怎么竟和三清山的东方神峰如此神似？！他愣了几秒，再定睛一看，没错，水晶景石里面的图案，神形兼具，完全就是一个缩小版的“东方女神”峰！鲁文同心中窃忙抓到手中，开始和摊主商讨价位。谁知道精明的水晶摊主看出了鲁文同神情的变化，尽管摊主不明白个中缘由，但有一点他是肯定的：鲁同非常喜欢这件水晶景石，所以水晶摊主叫了一个高价，而且不管鲁文同怎么还价，都不为所动。鲁文同几次想放下手中这块水晶景石，又几紧紧捏到手心，他生怕一放下，就被周围淘水晶的人买走，从而错失这件宝贝。最后，尽管价格不菲，鲁文同还是咬了咬牙，买下了这块可遇难的宝贝。

从此，鲁文同心里又多了一个梦想，那就是探寻天地灵石——水晶景石，寻找水晶景石里大自然天然生成的美景、图案，能够和三清山的景相吻合……

从此，鲁文同往来东海和三清山的脚步更频繁了。但这种寻觅如同大海捞针，谈何容易！这就不但要具备专业的视角，而且要吃得了苦。在成千上万的水晶景石里，他顶着酷暑、冒着严寒，风雨无阻，眼睛里看的是水晶，脑海里却浮现着三清山的美景。鲁文同坚信命运会青睐他，他定会实现这个梦想！

皇天不负有心人。

凭着对梦想追求的坚定信念，经过多年的苦苦寻觅，鲁文同有了很大的收获：猴王观宝的水晶景石找到了，巨蟒出山的水晶景石找到了，接着，老道拜月的水晶景石找到了，观音赏曲的水晶景石也找到了……看着面前的这些凝聚着他心血和汗水的一件件水晶景石，就如同看到一道道缩小版的三清山美景，铮铮铁汉流下了激动的泪水！

虽然有了很大的收获，但他寻宝的脚步并未停歇。鲁文同，这个七尺男儿，他将男人的刚毅化作对山水千般的柔情，在追寻梦想的路上，依来去匆忙。我们坚信，他会实现他的梦想，顺利到达人生理想的彼岸。

水晶作证！

三清山作证！

附：鲁文同部分水晶观赏石藏品：

观音赏曲

巨蟒出山（一）

东方女神

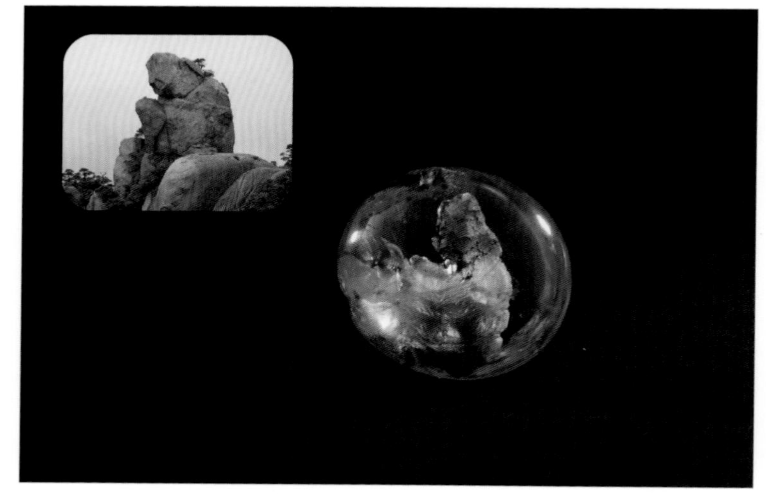
猴王观宝

东方女神

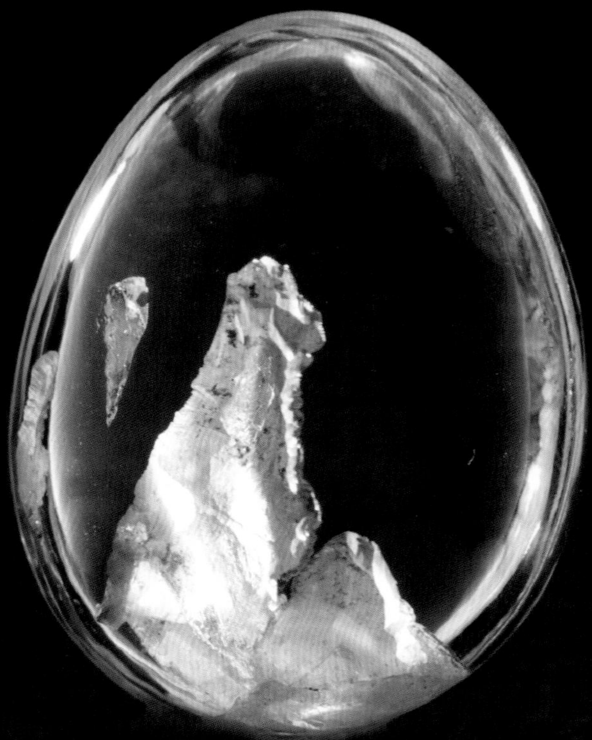

天狗望月

风雷塔

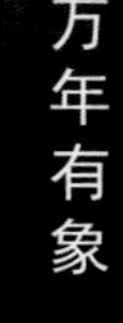

万年有象

狐狸啃鸡

路路（鹿）通

观音赏曲（二）

巨蟒出山（二）

仙人指路

神龙戏松

万道霞光映彩虹

—记彩虹水晶总经理庞友侠的彩虹人生

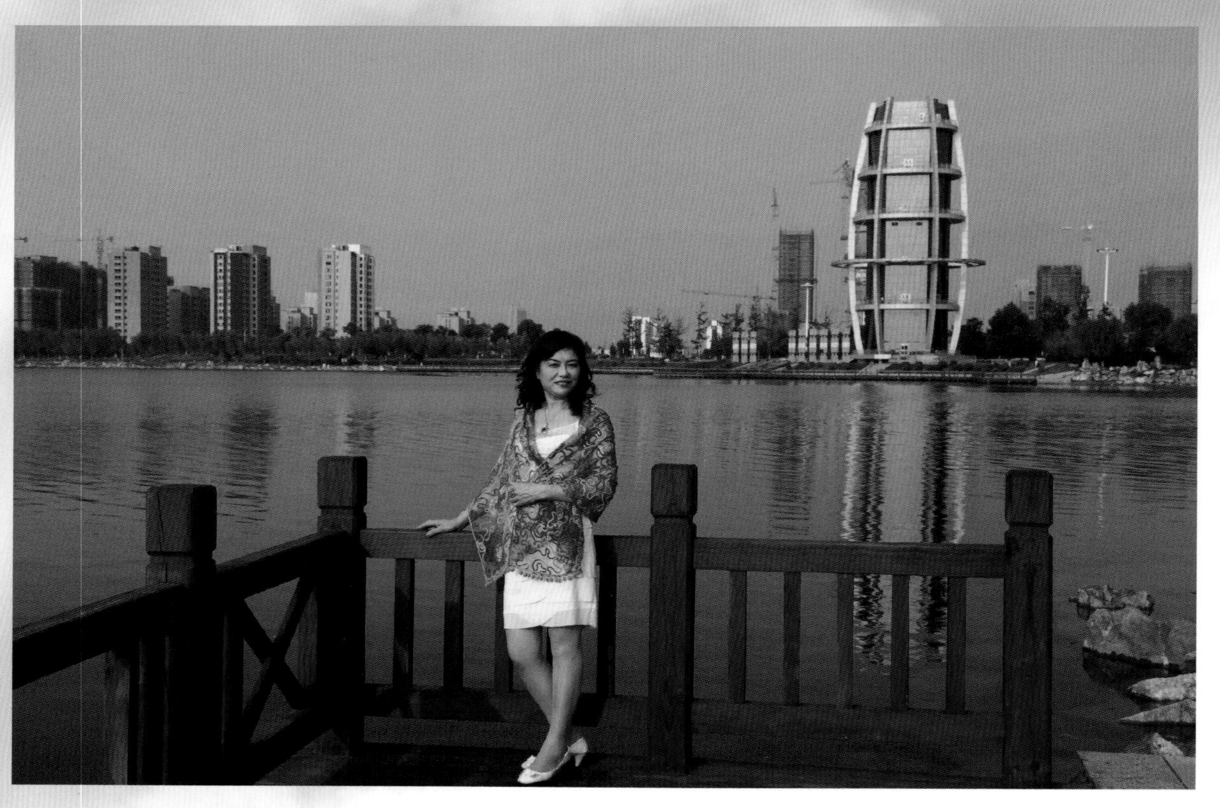

在水晶业界，提起庞友侠，几乎没有不认识的。她和她一手创立的品牌“彩虹水晶”一样，名字响亮，品牌响亮。

庞友侠曾是江苏省第六地质大队的一名职工，后来接手了第六地质大队矿产品开发部的东海县彩虹水晶制品有限公司。庞友侠是幸运的，公司接手之初，国内就兴起了第一波水晶热，水晶的发展迎来了第一个春天！在她的带领下，彩虹水晶制品有限公司抓住机遇，不断扩展业务，迎来了前所未有的发展良机。1996 年彩虹水晶产品被确定为第 30 届北京世界地质大会的指定礼品；1999 年，制作了国家重点工程——田湾核电站的开工纪念品；2000 年，因参与第六届中国艺术节奖杯及纪念礼品的设计制作，得到领导，专家和组委会的好评，而被江苏省人民政府办公厅授予荣誉证书；2001 年 7 月，被确定为中国大陆科学家钻探工程指定礼品；先后为徐工股份、如意集团、康缘药业股票上市制作庆典礼品；为徐工集团、浦东发展银行、扬子江药业等大型企业设计制作企业形象公关或庆典礼品；为东南大学、中国矿业大学、中国地质大学等制作校庆纪念品；三峡截流，香港回归，2003 年世界女子沙滩排球巡回赛（连云港站）制作纪念品等等。

面对如此一系列骄人的业绩，庞友侠并没有沾沾自喜，也没有停下前进的步伐。而是继续扩大公司规模，提高管理质量，提升水晶专业制作技术。在她兢兢业业地带领下，彩虹水晶制品有限公司的发展迎来了一个又一个春天，产品订单，行销全球各地。2003 年 6 月，彩虹水晶公司获得“优秀旅游纪念品生产企业”的授牌。

公司实力壮大了。有不少朋友建议庞友侠开拓新的业务，投资其它产业，包括当时热门的房地产开发。面对诸多朋友的建议，庞友侠总是淡淡地笑笑，说：“我找准了自己的人生之路！我为水晶而生。所以这辈子我只一心扎根水晶，做一个水晶的知音，做一个合格的水晶人！水晶融入了我的生活，融入了我的生命！”

是的，在水晶这条晶光灿烂的人生大道上，庞友侠心无旁骛，公司壮大了，在经营水晶礼品的同时，她又投入了很大的财力，进行天然水晶的经营。成立彩虹水晶精品馆，水晶艺术文化馆，从事水晶文化的宣传，水晶艺术品的收藏、鉴赏和经营。作品涵盖天然水晶雕刻艺术品，水晶球，水晶观赏石，水晶眼镜，天然水晶手链，项链，挂坠等等！

庞友侠，一个巾帼不让须眉的女子，一个水晶世界闪亮的辉星。当问起她为何如此每天不辞辛苦地奔忙。她说：只是为了做一个合格的水晶人！当问起她公司为何起“彩虹”的名字时，她说：彩虹代表美丽、圆满、希望，代表前程似锦。

是的，从她优雅自信的步伐，我们不难相信，彩虹水晶在她的带领下，掌舵下，必将沐浴万道霞光，映射出彩虹万丈，绽放出更加璀璨的明天。

附：庞友侠部分水晶观赏石藏品：

双 雄

一壶春

一枝独秀

拜 月

飞 碟

如何挑选天然水晶

文/胡明华

这是个大家都很想了解的话题，尤其是对于水晶似懂非懂者。同时这又是一个很难准确说清楚的话题！因为即使对于同一品种的水晶，不同的款式，很多人也会有不同的偏好。何况是不同品种的水晶呢！比如有的人喜欢绿幽灵，有的人却对发晶情有独衷，有的人偏偏青睐温婉可人的兔毛水晶……凡此种种，不一而足。

但是，不管喜爱什么种类，什么款式的水晶，挑选水晶还是有一些共同可以把握的特点，笔者根据自己多年从事水晶的经验，略作论述，以飨读者。

首先，不管是挑选哪一款水晶，不要挑选人造水晶，熔炼水晶，改色水晶，染色水晶，还有一些人工使用紫外线无影胶粘合而成的，俗称“二合一”的水晶。因为从佩戴的角度来说，上述几种非天然的水晶，无益于健康，甚至有损健康。一句话概括说，就是不要挑选非天然的，假的水晶。

随着经济的发展，大家对珠宝热衷地追求，在一些暴利的驱使下，做假水晶、染色水晶应用而生。以假充真、以染色充天然，让不明就里的大伙看花了眼。人造水晶、熔炼水晶还好，基本上对人体健康无害。染色水晶就不一样了，不管价格如何，那是万万不能佩戴的，各种染水晶的化学药剂，通过与皮肤的接触，可能会慢慢渗透到人体的血液里，给生命健康带来巨大的危害。希望每一个水晶爱好者，练就火眼金睛。对于初接触水晶者，难辨真假，可以向销售者进行咨询，确认不是笔者上述的几种情形，再决定购买。一般的商家都会居实相告。当然如果你不问，有的商家也不会主动告诉你。

其次，挑选天然水晶，肯定要看水晶的晶体。水晶里的冰裂越少越好，絮状物（俗称棉絮）越少越好。当然，既然是天然水晶，那我们也不能像追求它如一块玻璃一般毫无瑕疵。尽管全净体的水晶也是有的。但是比例还是非常少的。再好的水晶，或多或少总归会有一点小小的瑕疵，这种瑕疵，不影响水晶整体的美观，反倒能证明自身的确是天然的，所以我们还是应该能够接受的。所谓“瑕不掩瑜”，美学上亦称之为“缺陷美”！

再有，一个很现实的问题，那就是挑选一款天然水晶，还要根据自己的购买力来定。众所周知，现在水晶的价格是节节攀升，每年都以成倍、几倍的价格增涨。一些大家喜爱的水晶，比如上好的绿幽灵、发晶、钛晶等，价格都按克甚至按克拉计算，单价有的都是黄金的几倍。所以一条手链、一个挂坠、动辄就是几千上万。虽然漂亮，让人爱不释手。但也得根据自己的购买力来选购。

当然，挑选一款自己满意的天然水晶，雕刻、打磨的工艺也是不可或缺的；工艺是否精堪细腻，抛光是否精良；有的制品需要打孔，孔打的是否平直通顺，孔的粗细是否均匀，有无细小的裂纹。孔壁必需清澈透明，无“白痕”。同时，宝石和人是讲究眼缘的—假如你第一眼相中了一块很“顺眼”的水晶，左看右看爱不释手，即使价格不菲，只要没有超出自己的购买能力，那就果断地为自己“奢侈”一次吧！不要等走了才感觉后悔。有时候，你的水晶在等你，属于你的那块水晶，他会给你带来快乐、愉悦、好运；当你错失它时，它也许在你犹豫的一刹那，就成为别人手中的至宝了！

胡明华
（碧云轩水晶商行总经理）

下面就每一品种的水晶挑选略作介绍：

钛 金 篇

钛晶主产地为巴西北部的巴依亚州。

钛晶号称“水晶之王“，内含物为含针状钛金属的矿物质，属包裹体水晶中的发晶族群之一。发晶是指水晶中含有发状、丝状、针状等矿物晶体形态的晶体。如电气石、阳起石、石棉矿、金红石等。市场上，把这种金色片状金红石发晶称为“钛晶”（金红石的化学成分为“钛”）。

钛晶的主要晶底为白水晶、茶水晶。白水晶晶底为上。

挑选钛晶，首选的是白体钛晶，和其它水晶一样，晶体冰裂纹、絮状物、层裂纹越少越好。晶体内部发丝密而顺，若发丝密而顺成板状，就是极少有而珍贵的“板钛”了！

其次，晶体表面不要有人为地损伤或天然的缺陷。

钛晶由于含有金属钛，磁场强劲，对于常常需要决策或者有事业的朋友，佩戴钛晶可帮助做出正确而又明智的决定。更可激发个人的胆识气魄与格局。

钛晶的感应力很强，可以当做护身符使用。尤其是常要夜间工作，或者出入一些浊气比较重的地方，如医院病房、墓地、旧宅或者阴冷的地方，本身佩戴钛晶有防止灵异干扰，加强自身气场，增强自身勇气，排斥负性能量的作用。

但是身体较虚弱的朋友，是不宜佩戴钛晶的。身体气场虚的个体，佩戴钛晶不但没有效果，反而会产生头晕、呕吐的反作用。这就如中医所说的“虚不受补”一样的道理。建议体弱而又喜爱钛晶者，加强锻炼，循序渐进，先调养好身体，补足气之后，再行佩戴钛晶。

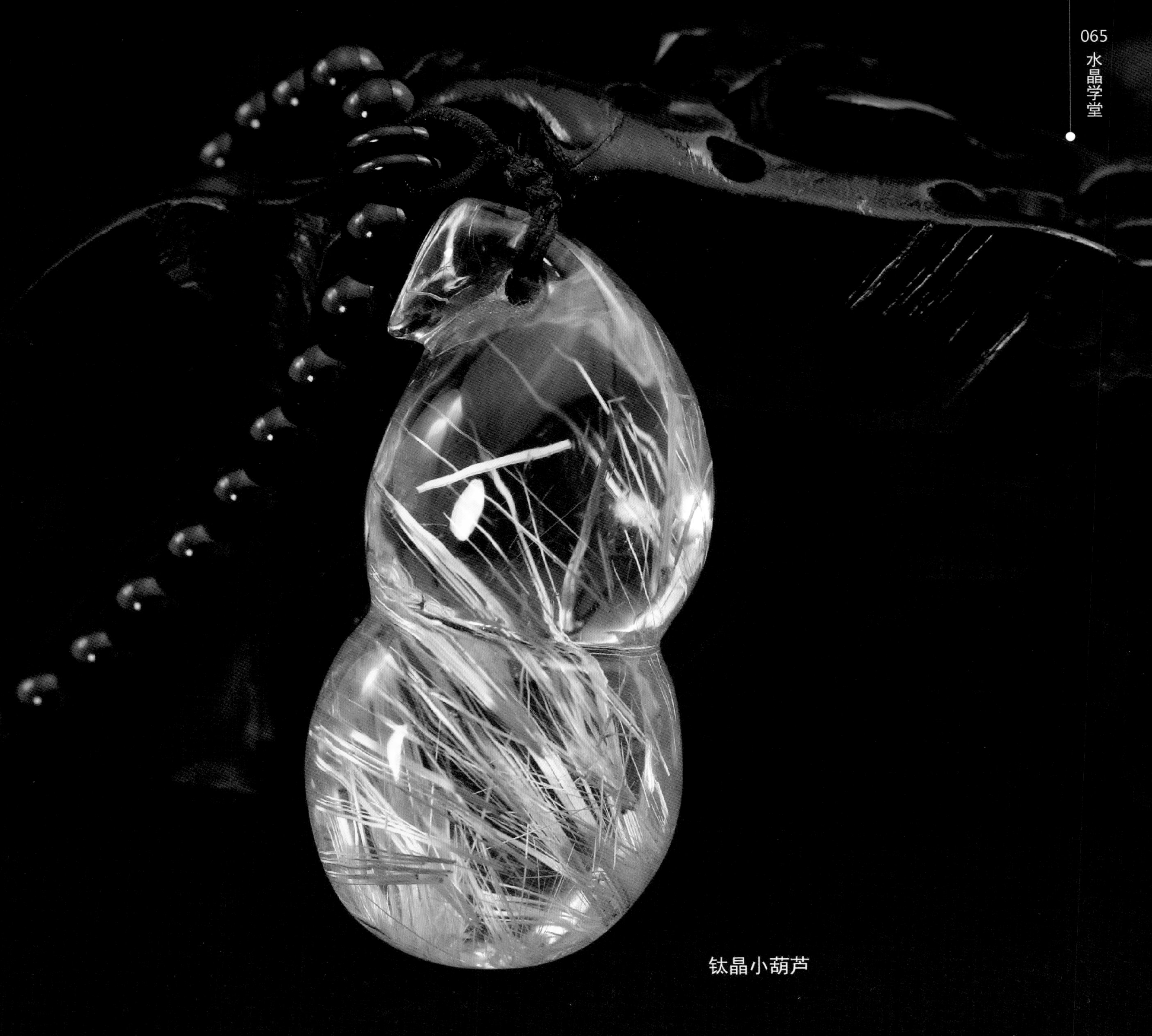

钛晶小葫芦

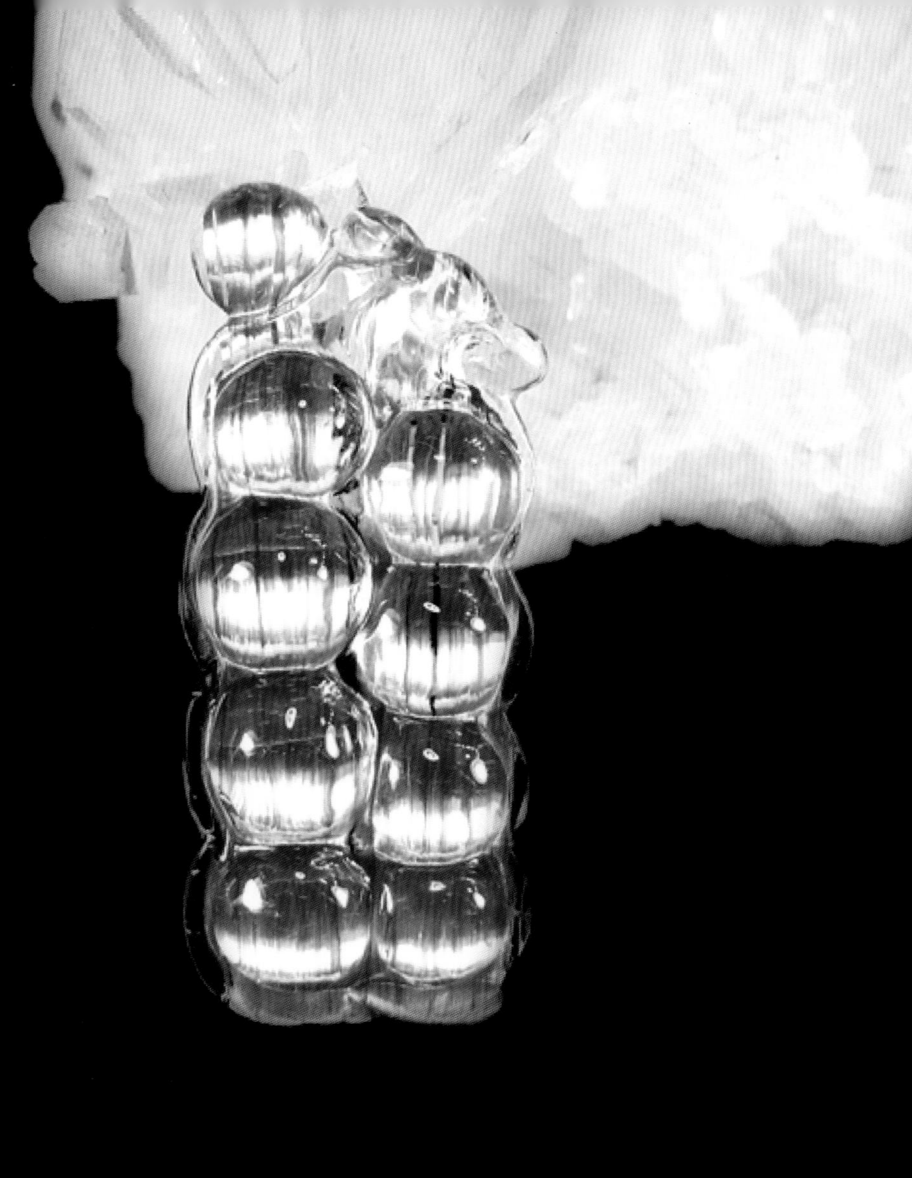

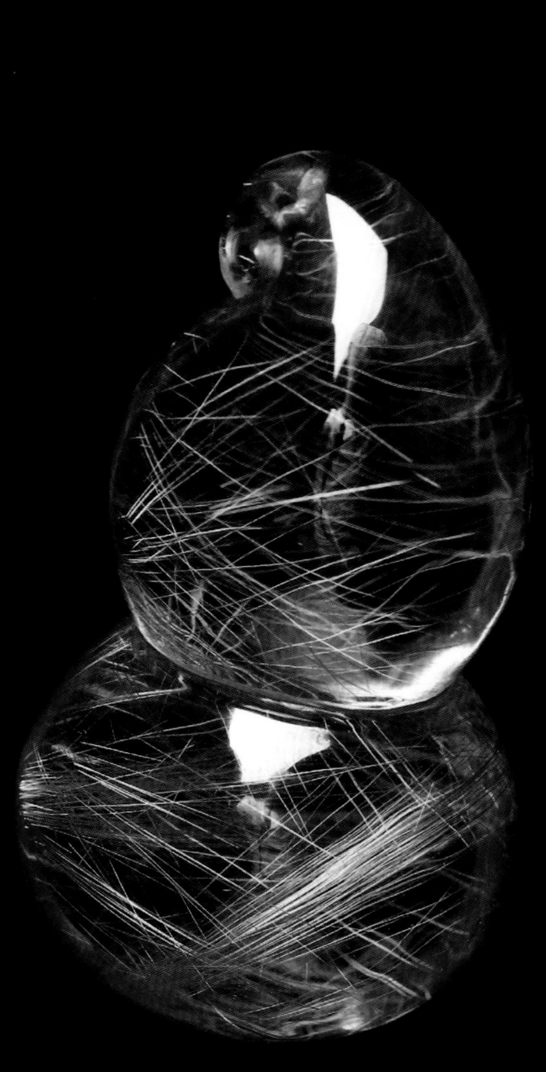

绿幽灵篇

绿幽灵水晶，又称绿色幻影水晶，异像水晶。具体指水晶在生长过程中，包含了不同颜色的火山泥等矿物质，在通透的白水晶里，浮现出如云雾、水草、漩涡、甚至金字塔等天然异像的情况。内包物颜色为绿色的称为绿幽灵水晶。同样道理，因火山矿泥里含有铬、锰、铜、铁等其它一些等离子矿物质而造成折射产生多种颜色，也会形成红幽灵、白幽灵、紫幽灵、灰幽灵水晶等。总体来说，绿幽灵为上品。

至于这种水晶，为什么以“幽灵”二字来命名。笔者认为是因为“幽灵”在大家的意识里，通常是没有固定的形体，而又能够变化多端。采用“幽灵”来命名这一类水晶，正是暗合形容了此类水晶的变幻神秘，形态各异、磁场强大。

绿幽灵的神秘，除了颜色是大家所喜爱的绿色，还在于它里面浮现的异像图景。至今没有一个合理而权威的解释，能够说明为何水晶内会出现一个完整的，和古老埃及金字塔一模一样的金字塔。这种金字塔，其实也反映了宇宙的机制，从无到有，在物质世界里建立根基的原始力量，也代表着财富的积累，加上它的绿色，暗合了世界流通货币美钞的颜色，所以被誉为极品的财富水晶。

了解了上述的内容，下一步的挑选就至关重要了。

首先，因为是天然水晶，绿幽灵也不例外，也会有一些冰裂纹或棉絮状物，还有一些外包的火山泥聚集在晶体表面会产生粗糙感，甚至有一些坑坑洼洼。这些所谓的“瑕疵”是越少越好。当然，一条手链，一个挂件或一个把件，一点瑕疵都没有的难度非常大，极甚罕见。有些许的这些天然的痕迹，不影响晶体总体品相的情况下，我们在接受大自然慷慨馈赠的同时，不妨也接受这些少许的瑕疵。

再有，绿幽灵水晶因为自身的特点，会形成各种各样、千姿百态的绿幽灵。有晶体内大量内包物聚集在一处的，我们称之为“聚宝盆”；也有晶体内包物形成层状，一层一层，细密而均匀，俗称“千层”，也有叫“步步高”的；还有形成三角型塔状的，俗称“金字塔”的！凡此种种，哪种为佳品？其实这完全在于个人喜爱的偏好了！

也有人说，我既喜欢聚宝盆，又喜欢金字塔，还喜欢绿幽灵千层、绿幽灵满天星，那怎么办？

那 笔者给你一个很好的建议：每个种类都收藏一枚！！

（待续）

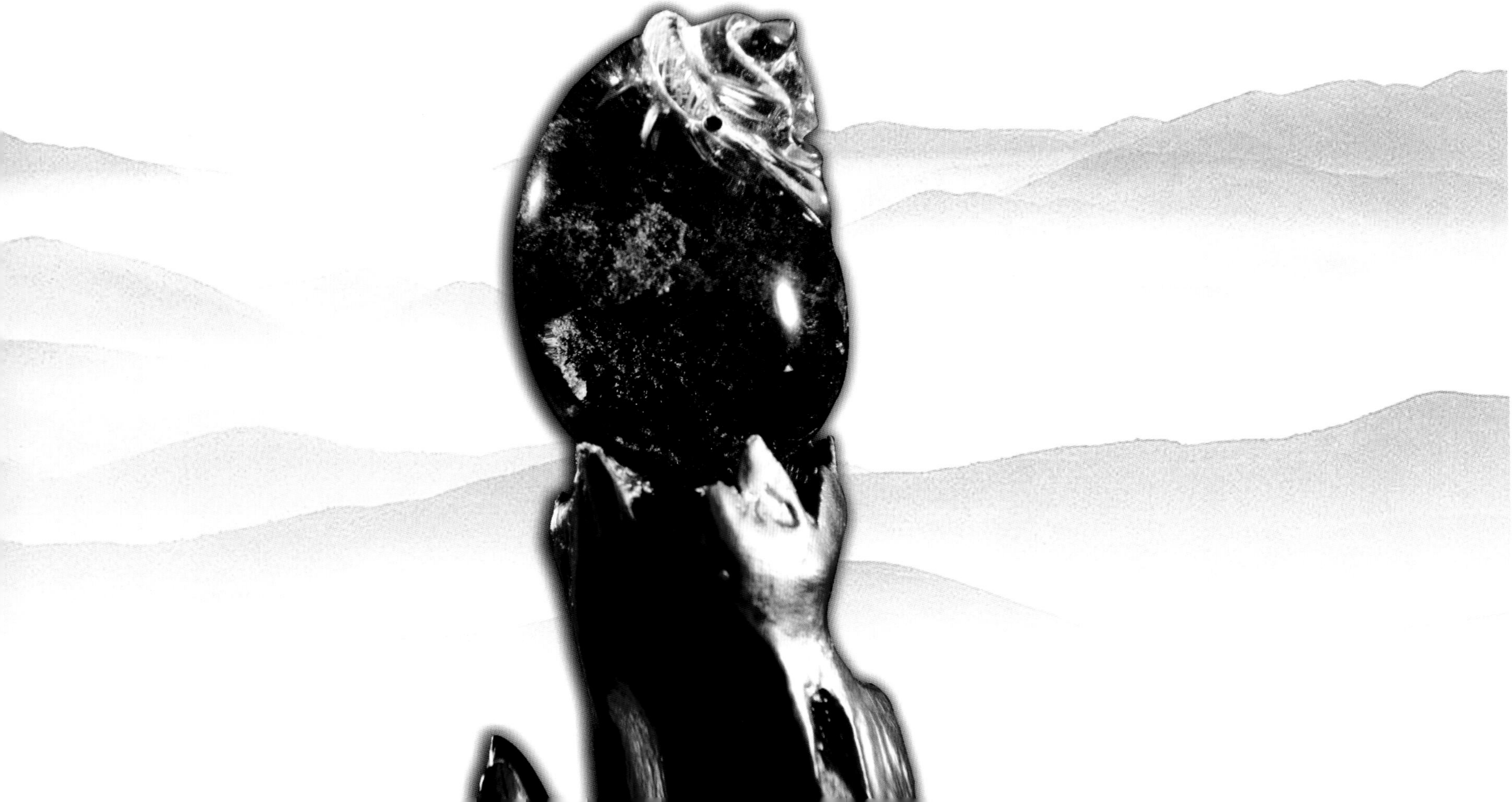

水晶的传说故事—见者有份

文/ 朱 虹

一

很久以前，在盛产水晶的东海县城西南的乡下，有一个水库，叫安峰水库。水库边上住着一个村落，叫湖西村。村落里有几十户人家。其中一户姓张，主人叫张勤劳。张勤劳有一个邻居，姓李，叫李有福。

听祖辈人讲，水库下面生长着很多很多的水晶，每逢夜晚，尤其是夏季，村里在外纳凉的村民经常可以看到有火苗从水库浅滩上窜出来。老人说能看到火苗窜出来的地方，下面就一定藏着大水晶。

所以，不知从哪一辈开始，湖西村里的村民，一到水库的枯水季，水库周边的浅滩露了出来，就会纷纷地带上铁锨铁叉之类的工具，到库里挖水晶，这个习惯一直延续到今天。

挖水晶不但是体力活，而且要靠运气。有时候卖力地挖，挖了好多天，连一块像样的水晶都挖不到。有时候运气好，挖不了一阵子，就能挖到不少像样的水晶拿到县城卖，收获颇丰。

话说又到了一年的枯水季，张勤劳早早地吃了饭，一个人扛上工具来到库里挖水晶。他点了一袋旱烟，抽了几口，选定了一处稍微有些低洼的地方，开始卖力地挖起来。张勤劳比较勤快，也很有耐性，挖了一个多时辰，他挖得满头大汗，正干的起劲，忽然一叉踩下去，叉齿碰到了坚硬的东西，怎么用力也踩不到底。张勤劳心中暗喜，心想：肯定碰到宝贝了！这下要发了！他抬头瞅瞅四下没人，赶紧扔了铁叉，换上铁锨，使劲清理周围的泥土，在清理的过程中，他发现泥土中渗出了土红的洇子，凭经验他知道下面肯定有宝贝，也顾不上累，加快速度清理周围的粘土，不一会，果然一块形如婴儿状的大水晶轮廓出现在他眼前！张勤劳激动得连呼吸都开始急促起来，长长地舒了口气，用袖子擦擦额头的汗，就在他一抬头的时候，忽然瞅见邻居李有福也远远地扛了把铁锨走来……张勤劳心中暗叫“不好”！因为按照祖辈传下来的规矩：一旦发现一块像样的值钱的水晶，谁有缘分在场，或者无意碰上，都要平均算上一份的！这叫做“见者有份”！

张勤劳看看脚下刚露出一半的大水晶。又瞅瞅慢慢走来的李有福，眼看到手的一笔财富，却要被这早不来晚不来的李有福分去一半，张勤劳心有不甘。但又想又不能坏上祖上的规矩。要不会被乡里乡亲耻笑一辈子，没有办法抬头做人！他左想右想 ，计上心来，主意已定。他赶紧往刚刚露出形状的大水晶上往回填土，等到李有福慢腾腾走到跟前，大水晶已经被张勤劳埋了个严严实实。

李有福打招呼：“老张哇，有没有挖到‘喜’？”

张勤劳赶紧说：“没哩没哩。你看我这不白忙到现在嘛！”

李有福哼哼哈哈的，就慢腾腾挪到离张勤劳不远处，也选块地方挖了起来。

朱 虹

（甘肃银广文化传媒有限公司 董事长）

张勤劳叫苦不迭，看看村里三三二二陆陆续续来了不少人他，索性从挖的坑塘里爬上来，再往里填了一会土，又伪装了一番，做了个标记，算等没人的时候，再来挖出这块大水晶。

二

天渐渐黑了。吃完晚饭的张勤劳心里不踏实，带上手电筒，一个人扛上工具悄悄溜出了村子。他想趁天黑没人的时候，偷偷地把大水晶挖回。

夜，漆黑一片，张勤劳深一脚浅一脚，摸到了白天挖到大水晶的地方，用手电筒照了照：它做的标记没人动过——一般有人挖过的地方，别的就不再挖了！他一颗悬着的心才放下来：

他不敢耽搁，马上开始动手挖了起来。

刚刚挖到一半，突然漆黑的夜里又一道手电的亮光远远扫过来，而且慢慢地离他这里越来越近，张勤劳心里沮丧地骂道：哪个龟儿子晚上睡觉跑出来做什么啊！

眼看手电光线越来越近。张勤劳只好赶紧把才挖出来的土再往回卖力地填。看看填好了，那人也走近了，走到跟前发现是张勤劳，老张也认来了：又是李有福！！！李有福很吃惊："哎呀老张，你这晚上跑到这里来做什么？这黑咕隆咚的不会是来挖水晶吧？"

张勤劳气不打一处，一肚子不满又不好发作，脸上还得赶紧堆上笑说："哪里哪里！我白天烟袋丢这里来了，吃完饭回来寻寻，刚寻到哩。倒是这么晚了跑出来做什么？"

李有福说："娃他妈白天放羊，回去数数少了一只。寻思是不是丢库里来了！我就来库里找找，看到这有亮光，就寻思什么事，就走过来了！

"原来这样啊！"张勤劳苦笑了笑，"没事没事，回去了回去了！这老黑老黑的，到哪里去找羊啊！"

李有福说："也是也是，回去吧！"

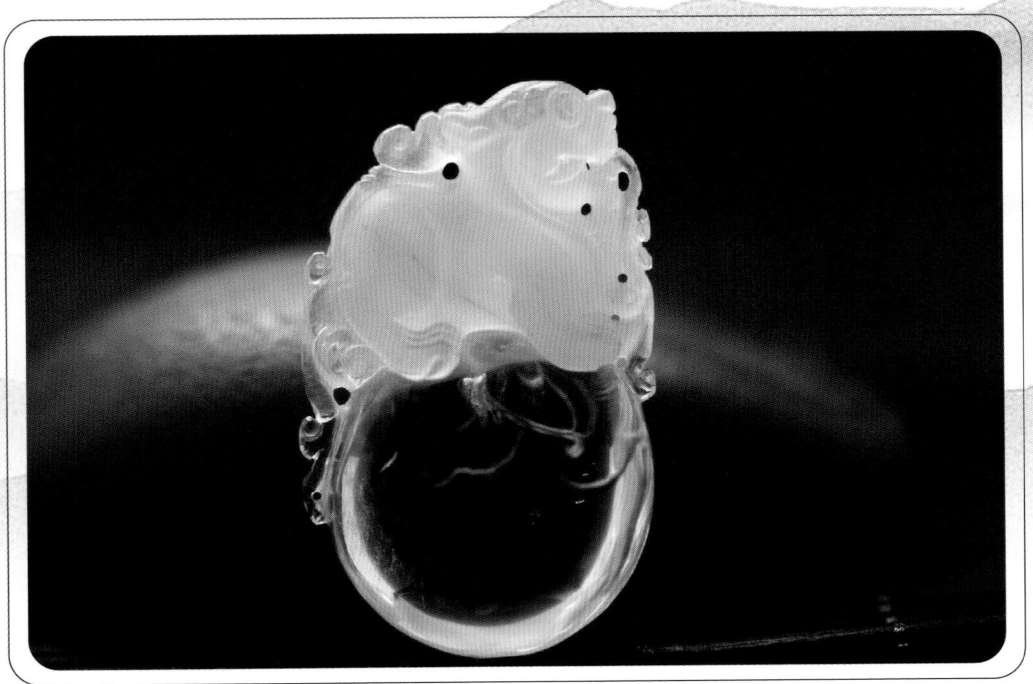

黄兔毛貔貅

三

一夜无话。

张勤劳辗转反侧睡不着，听到鸡叫二遍，他就爬起来了——他心里还是惦记着那块大水晶。

天还没有亮。张勤劳又带上工具，摸黑出了家门。

一切都静悄悄的，都沉浸在睡梦中。村里偶尔传来几声狗吠。张勤劳轻手轻脚地溜出村子，轻车熟路地摸到库里，来到他挖出大水晶的地方，想也不用想，甩开膀子就干了起来，边干边心里暗暗得意，心想：这下大水晶该是我张勤劳的了吧！我就不信，还有谁这个时候起来，别说你李有福了，这个时候，鬼都在睡觉没有起来哩……

边想边干，边干边想……

约莫干了两个时辰，东方泛出了鱼肚白的时候，尽管是深秋，依然干得浑身是汗的张勤劳，终于抱出了那块状如婴儿，足足有五六十公斤的大水晶。大水晶浑身上下还沾满了泥巴……

张勤劳点上一袋烟，坐下来看着脚边的大水晶，美滋滋地幸福地抽起来。那袅袅腾腾的烟在晨曦里悠闲地飘荡开来！

突然，正抽着烟的张勤劳远远地看到一群羊，撒欢儿跑来库里，跑向他张勤劳……慢慢地近了！张勤劳张大了嘴巴，几乎不相信自己的眼睛：那不又是李有福吗？真他妈邪了！张勤劳哭笑不得，将烟袋在大水晶一头磕了磕，叹了口气站起来，自言自语地说：见者有份，这是天意啊！看来祖上传下来的规矩是坏不得啊！

富贵共鸣

许静

苏州人，语文教师。

“我喜爱水晶，因为水晶诚如孩子们那天真无邪的心灵。工作繁忙，生活纷扰，每当烦恼、忧愁袭卷，我便会打开水晶盒。顿时，这些晶莹剔透的水晶宝贝，将丝丝平和，缕缕安详，缓缓沁入我的心脾，让我不再烦躁，也更有勇气去面对和解决问题。水晶不如钻石珠宝那样华贵，那样咄咄逼人，或许就是它的纯净淡泊吸引着我，也影响着我的人生观。”

跌落梦中的虹——碧玺

文/ 苏州 许静

跌落梦中的虹，你在哪里？

你就在那里，远远看去，姹紫嫣红迷了人的眼，摄了人的心，走近了却满是冰冷幽怨。“执手吟风吹鬓影，堪怜广寒雕栏冷！”

你可知，我就坐在不远的半亭里，正轻抚着那块映着月色的避邪，丹碧相融的一瞬间，我看到了你飞扬跋扈的外表下已逝去的温雅娴淑的笑。

门侧那块菱花镜，也曾映出你青春少女的容颜。你回眸一瞥，却闹得心慌意乱，嗔怪这镜“偷人半面”，羞答答地把钿子上插的步摇都弄偏了。步香闺怎便把全身现？

此宵情，谁共悦？

晨曦微露，昔日欢情被稀释成清晨颐和园里薄薄的晨雾。太阳出来了，刹那间无影无踪。这仅是一场春梦了无痕？但为何菱花镜映出满身珠翠的你，耳垂上还戴个那对小得只有我看得到的珍珠耳钉？它们仿似一对眼睛，狠狠地瞪着我，告诉我，那时你青春正好，那时你貌美如花，那时有个男人，在你耳边轻轻地对你说：“我爱你。”

避邪啊避邪，披着五彩霞衣的仙子，当爱情之虹陨落后，便化作步步生莲。你以为你踏着幻彩的莲花，就能离开婆娑世界，扣响他方国土之门吗？避邪啊避邪，蒙受了多少你的宠爱，在枕畔、在床第、在发际、在腰间，又变身象征皇权的碧玺，正用深沉幽远的目光看着你，从清纯聪慧的少女，到垂帘听政的老佛爷，怎一个“多才堪伤误家国？”

跌落梦中的虹啊，映着月色，你误闯了谁的前生？

苟不学
上致君 下泽民
裕于后 人遗子 金满籯
我教子 惟一经

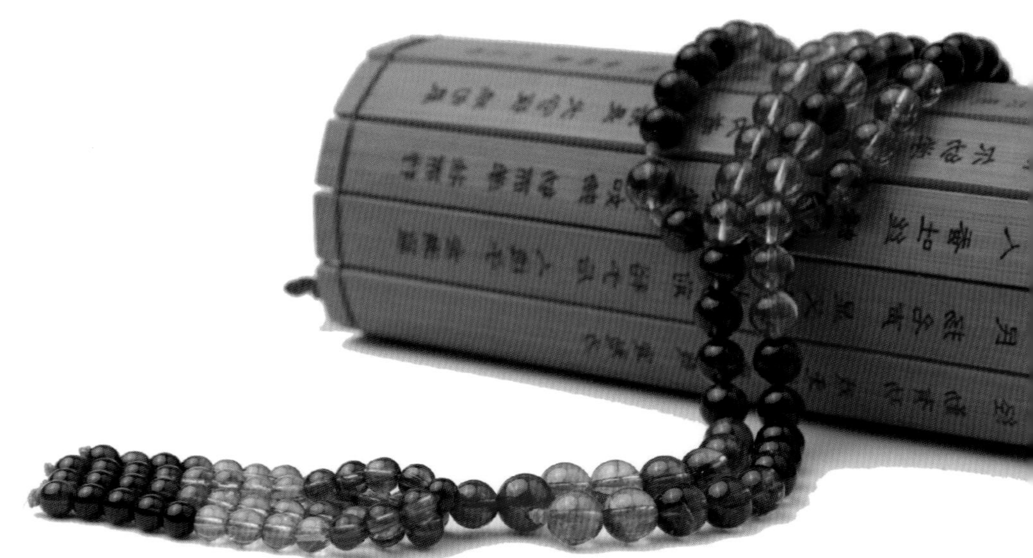

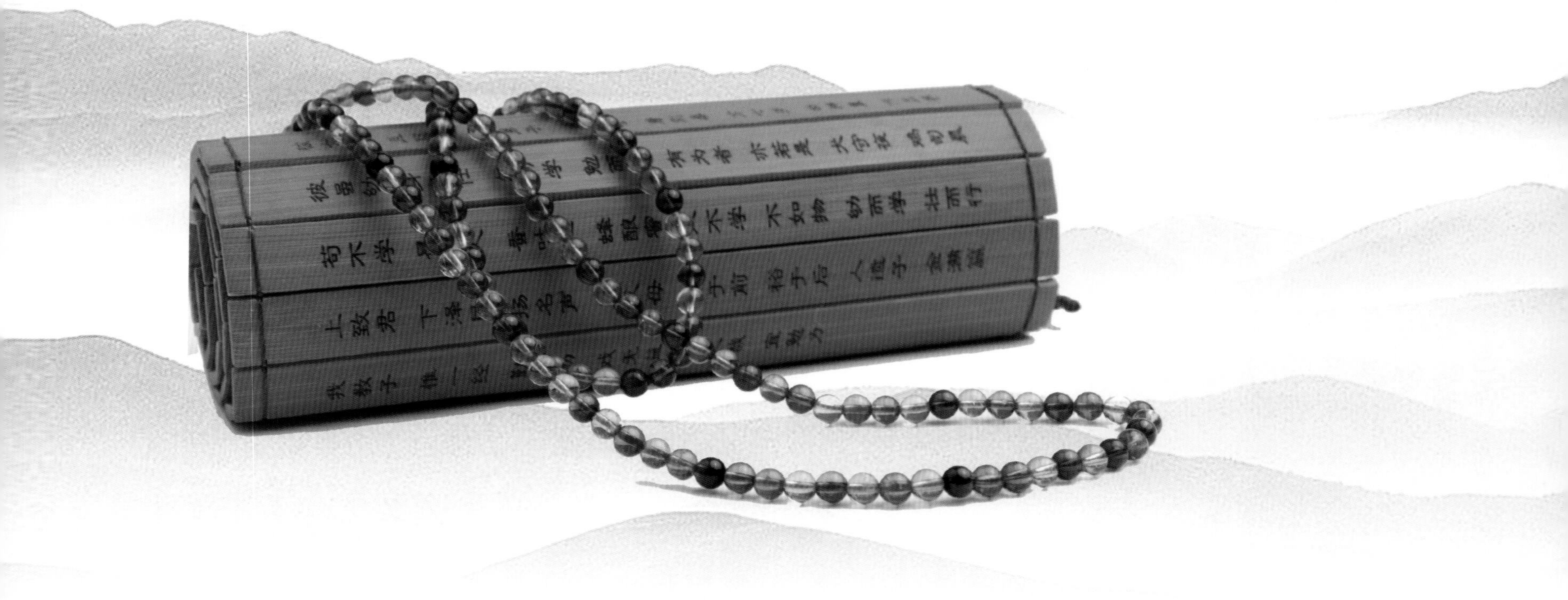

走 进 东 海

文/孙新兵

东海不是海。

东海是离海不远的一座小城，一座靠近黄海之滨的小城，一颗以盛产水晶而久负盛名的璀璨的明珠，偎依在东陇海的桥头堡。

东海又是海，是藏在海底的一座宫殿，是东海龙王的水晶宫，到处摆满了奇珍异宝，到处陈列着琳琅满目、晶莹剔透的水晶。走进东海，就好像走进一个童话的世界，多少美丽的传说，都会真实地呈现在你的面前！你不经意的一伸手，就可以抓住一个流传很久的故事！

东海，因水晶而闻名于世；世人，因水晶而认识东海，了解东海，向往东海。而走进东海，聆听水晶的歌唱，感悟水晶带给东海的那份清静，闲适……走进东海，感受水晶带给东海的福祉，感受东海水晶人那淡定，从容舒缓而自信的步伐，快节奏的现代生活，没有过多的影响到这方充满灵气的土地！悠闲而不失富庶的东海，富有诗一般情调的生活；繁荣而不失美丽的东海，因水晶之美而显得更加绚丽多彩，更加繁荣富强！

走进东海的人们哟，都会言不由衷地赞叹：福如东海！

是的，福如东海！东海人是有福的。

没有一座同级的城市，能象东海一样，蕴育着如此丰富的天地灵石；

没有一座同级的城市，能象东海一样，流传着如此之多的美丽传说，几乎每一处土地，都扎根着一个悠久的传说；

没有一座同级的城市，能象东海一样，坐拥水晶而眠……

每天，每一天，游人如织。黑皮肤，白皮肤，棕皮肤，黄皮肤，每天都相会在东海，相会在东海水晶城——东海的城中城，水晶灵魂的憩息之地。

走进东海，走进东海水晶城。

上千家的商铺，美仑美奂的水晶，在灯光的辉映下，更显得溢光流绮，五颜六色，灵气四射，光彩夺目。一脚踏进去，再远的旅途跋涉，也感觉不到疲惫；再浮躁的心，也会安静下来；再虚空的灵魂，也开始感到慢慢地充盈起来，充盈起一湖清波荡漾，涤荡那尘世的污垢！

在这里，有的是石与人的交流，灵石与有缘人的第一次相会；有的是一个个虽雷同却依旧精彩的镜头：手捧灵石的游客，热泪盈眶，喃喃自语“我找你找了好久好久了”！那份找寻到爱石的感动，那份淘到爱石的快乐，让本应浓浓的商业气息，也羞涩的躲到背后……

一次次雷同，却依旧一次次感动！如爱情的故事，永远流淌不完感动！

生意做了，感情厚了！一个个南来北往的客户，成了一个个想着东海惦着东海的朋友。

在这里，驻足每一块水晶面前，你可以让思绪尽情地飘飞，狂飙。这是一个多姿多彩的世界，玉的温婉，翠的芳菲，同样可以在水晶的生命里找到相同的或相类似的印记；流连在这里，拳石之间，亦可见长江逶迤，黄河咆哮，可见山川大岳，江海奔腾，亦可见大漠的弯月，空灵的山僧……足不出户，思接太古，穿越时空。

在这里，买的，卖的，看的，赏的，交流的，都充满了和谐，都缘于一个共同的“爱”字，爱水晶，爱自然，不同的微笑，交流着同一份喜悦！

走进东海，走进东海水晶城，每一次，都会如漫步在海滩，总可以捡拾到一枚属于你的美丽的彩贝，拣拾到一份意想不到的收获！

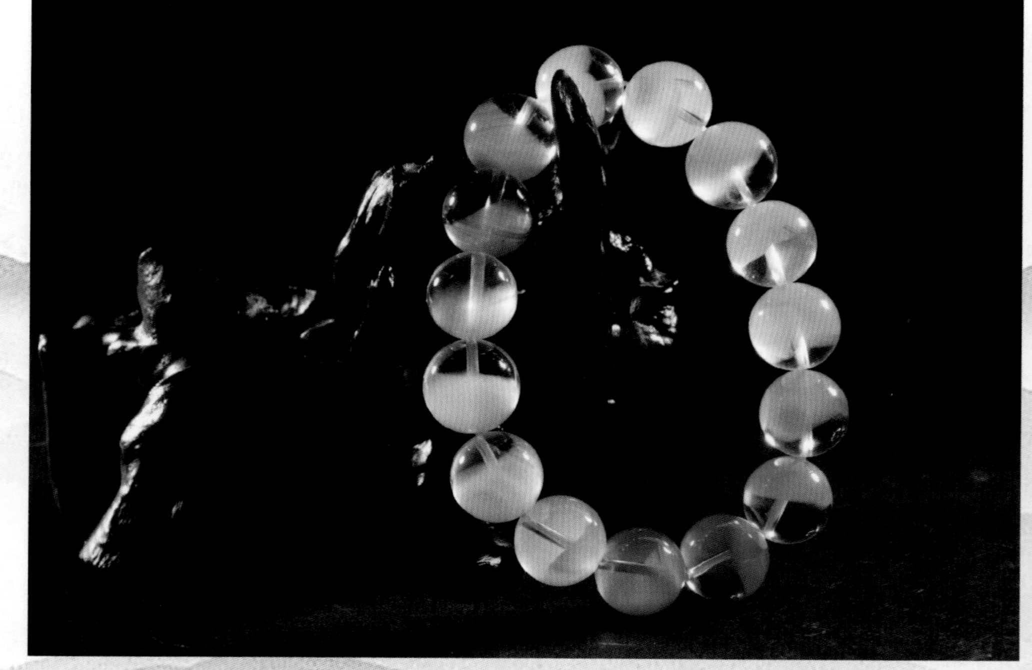

也许，有人说，她看起来不够时尚，不够现代。

但她美的素颜，真实。虽然没有锦衾玉带的华丽外表。却胸怀世间无数珍玑，汇聚天地八方灵石；

也许，有人说，她不够宏大，气派。

但她典雅，精致。就如一位溪边浣纱归来的女儿，尽展着小家碧玉的温婉和朴素！远离了金戈铁马的强音，这里为君弹奏的是一曲高山流水……

走进东海，走进东海水晶城，屏息聆听，那城市的脉搏，清晰，强劲。在张弛有道之中，奔涌着青春的热流，迸射着旺盛的活力。

日出日落，朝迎晚送。

美丽的城中城，源源不断地把东海人的热情，智慧，把水晶的美丽，灵秀，奉献给全国各地，世界各地！

美丽的城中城——东海水晶城，广大晶迷们心中朝圣之地，不走进她，你怎能聆听到水晶的歌声，怎能触摸到水晶的灵魂，又怎能徜徉在水晶那如母亲般博大的胸怀，和她共呼吸！

美丽的城中城，一座不可复制，传统与现代，商业与文化完美结合的宫殿！

让我们相约东海，走进东海！

钛晶（金玉满堂）

岁岁平安

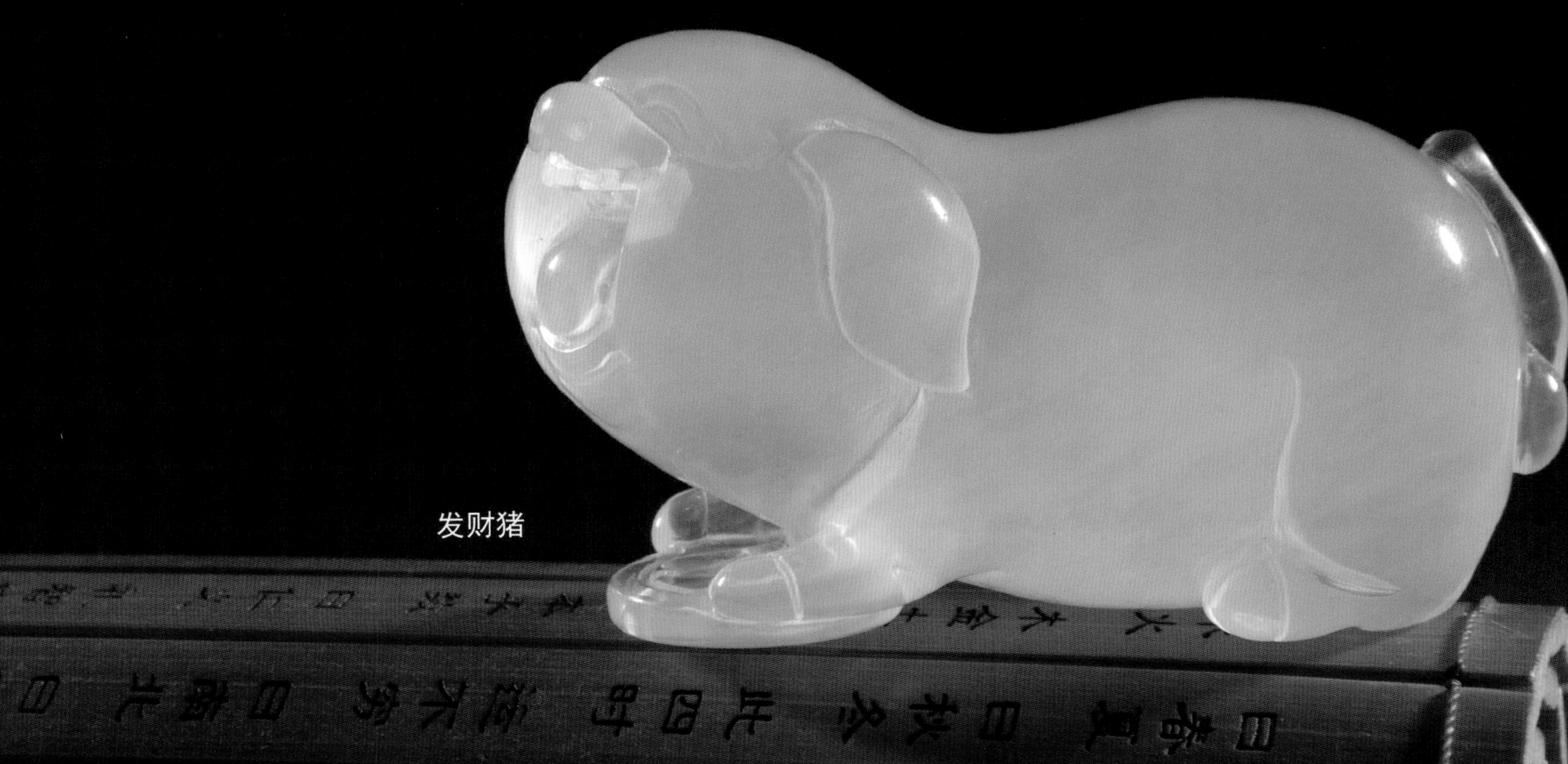

发财猪

水晶–石文化中的美学奇葩

作者　　著名美学家　郑应杰

水晶是石文化大家族中的一员，它与人类的生活息息相关，源远流长。在人类的发展历史中，水晶是最早为原始人类发现并为其生产服务的一种石材。在据今五十万年前，北京周口店地区的山洞中居住着的原始居民，被考古专家定名为【北京猿人】他们生活在旧石器时代后期，已经能从挑选出来的石材 ---- 鹅卵石、砂岩、石英、水晶、脉石英中根据这些石材的各自特性，打制加工成砍砸器、尖状器、刮削器、斧状石器等工具。也就是说，这时的【北京猿人】已经发现了水晶并用它制做成最原始的工具。【参见 1960 年贾兰坡：【中国猿人及其文化】一书。】这以后又被叫做【山顶洞人】的原始先民又提高了石材的制做水平，第一次制做出一批具有审美意义的穿孔兽牙，钻孔的石珠装饰品。随着原始先民生活、生产与生产技术以及审美意识的提高，在以后的年代里，石材在建筑和生活中被广泛地应用。

在民间，有石桥、石塔、石台阶、石栏杆、石牌坊、石磨等等。石材更是被封建统治者广泛应用。陵墓前道路两侧多有石兽、石人、石牌坊等。宗教界则出现了石窟，朔造各种佛像，著名的有洛阳南面伊水两岸的龙门石窟，石雕佛像就有十万余尊；位于山西大同市西北的云岗石窟，在五十三个洞窟中，就雕塑有五万一千多个宗教故事人物和栩栩如生的飞天形象。就北京的清故宫来看，有天安门城楼前的汉白玉雕刻的华表，宫内太和殿前的三层汉白玉石栏杆；天坛的圆丘是一个三层的汉白玉圆形露天祭坛；颐和园的石舫、石桥等等更是数不胜数。石文化在建筑领域、生活领域【饰品、工艺品】更是种类和品类繁多。水晶之所以能成为人们生活中的审美对象，当然和水晶自身的性质、构造和特色有关。但起决定作用的是具有审美意识与审美能力的人对水晶产品的精心制作。也就是说，能使水晶成为美丽的艺术品，最关键的是人的社会审美实践。离开人的创造性劳动，水晶石材永远只能是一种自然状态的特殊石材。就是说，水晶只有经过人的具有审美意识的加工、雕刻，才会成为人们审美的对象，成为艺术品。

现在我们看到的水晶艺术品，有三种：水晶饰品、水晶雕刻品、水晶观赏石。水晶饰品包括水晶项链、水晶手镯、念珠等等；水晶雕刻品，如各种动物、飞禽、花卉、人物、山川树木等等；水晶观赏石，也叫水晶包裹体或水晶内含物。水晶作为一种在地下形成的晶体，由于地下有不同的矿物，气体、水和各种杂质，并且由于地下情况的不同，构造复杂，地陷时被埋在地下的植物也不同，被埋的深度也不同，因此，不同时间形成的水晶所包含的内含物是千差万别。我们说，水晶本是无色的，但因受到混入的微量致色元素不同，水晶就有了不同的颜色；红色、紫色、黄色、粉红色、褐色、黑色等等。所以观赏水晶呈现给人们的景象、内含物、色彩就千差万别，真是千姿百态。但是，做为一种自然物的水晶石它本身是不能成为艺术品，不能成为审美对象的。它必须通过人对其进行审美的观照，经过人的艺术构思与艺术加工，才能成为一块美丽的水晶。就是说，它必须经过人的双手对它进行适合自己的【功利的、审美的】加工和改造，才能成为美的水晶艺术品，成为【人化的自然美】，使它具有了社会性，才能成为人们的审美对象，并具有审美价值。

我们说，美学研究通常是以艺术做为它的研究和阐述的对象，主要是在精神领域。但是，我们认为，美学的研究对象决不只是精神领域的文学艺术，而是整个世界，包括物质和精神的两个方面，是人类的整个感情生活。水晶奇石，无疑也是美学的研究对象。水晶奇石巧夺天工，它呈现的丰富多采的画面，其社会内涵极为丰富。水晶奇石不是道德和认识所能替代的，这种人化的自然物就是创作者为了传达自己的审美意识，为了满足人们的审美需要而创作出来的美石 ---- 审美实体，对象化的美石。它具有使用价值，也有交换价值，更主要的是它还具有审美价值。好的水晶奇石作品，可以给人以美的享受，可以使人的意识自由的飞翔，精神得到振奋，审美情趣得到提高，心灵得到丰富与充实。

请看看摆在我们面前的水晶观赏石【太行春早】。出现在我们面前的这块水晶观赏石，是一些重叠的山岩，引不起人们的兴趣和注意，更不用说产生美感了。但这块观赏石却真的成为了一块美的观赏石，让人思想受到震撼和美的享受，产生美感，使人的心灵得到丰富与充实。为什么能有如此的效果，作者对此石的时空定位非常好，给了它深厚的历史内容和恰当的空间，从而使它成为了一块有观赏价值的美石。将此石定名为“太行”，就是给了它深厚的社会历史内容。“太行”即太行山，有极典型的意义。在抗日战争时期，太行山知名度非常高。在整个抗日战争时期，太行山一带是中国共产党在敌后经过艰苦卓绝的战斗所创建的晋冀豫敌后根据地，非常有知名度。二是时间定为“春早”。现在我们看到的观赏石是重峦叠嶂的各种山石，没有什么生气。“春早”意味着春天还没有来到，但春早过后一定是大地回春，万绿盎然，树木葱笼，风光宜人。这样人们面对这个水晶观赏石就会产生许多联想，产生思想上的共鸣，回想起在抗日烽火中太行山这块革命根据地中，那些惊天地，泣鬼神的战斗风云，并由早春自然想到不久春天就到来,，那是人民的春天，也一定是胜利的春天，并且也想到春天到来所展现的生机勃勃的绚丽画面，使这块自然状态的水晶石承载了可歌可泣的抗日战斗情景和战斗历史而赋予了它新的生命，令人遐想，令人敬佩，思想受到震撼，心灵受到启迪。这块观赏石使人产生了美感而成为一块美石，成为人们的审美对象，而归属于美学范畴。【水晶悟语】在这方面为我们提供了许多水晶观赏石，这里就不一一赘述了，大家可以慢慢欣赏这本书里的许多美丽的水晶作品。

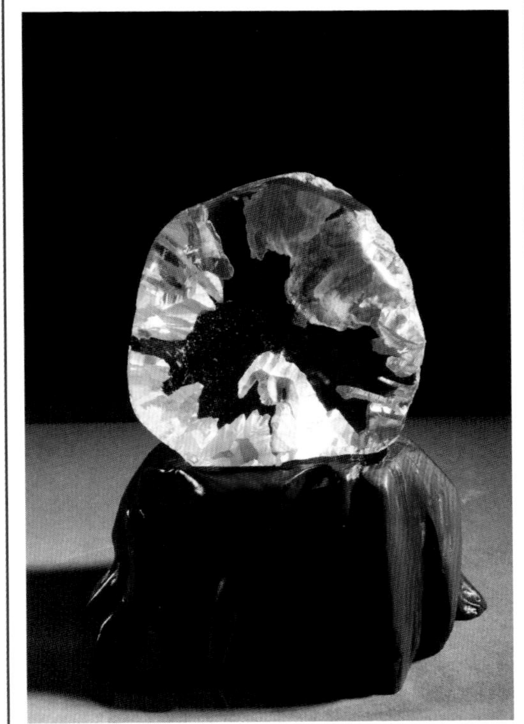

浅谈水晶观赏石在中华赏石流派中应有的地位

文/孙新兵

中华名族自古以来就有赏石、玩石的习惯，赏石文化源远流长，博大精深，其历史可以追溯到先秦时代。众多的文人墨客常以石为伴，以石为友，以石为师。儒家先圣孔子云：“智者乐水，仁者乐山。智者动，仁者静。智者乐，仁者寿”。这其中的“山”即指“山石”。玩石鼻祖陶渊明，连醉了都卧石而眠，有人题渊明醉卧之石：“万仞峰前一水傍，晨光翠色助清凉。谁知片石多情甚，曾送渊明入醉乡”。写人又写石，情趣生机具现。就连后世的袁枚亦题：“先生容易醉，偶尔石上眠。谁知一拳石，艳传千百年”。

提到赏石玩石爱石，不能不提米芾。

宋代的米芾爱石成癖，玩石如痴如醉。一次外出时，曾见到一块奇石，他欣喜若狂，绕石三天，搭棚观赏，不忍离去。

又有一次，米芾以太长博士知无为军，刚到官衙上任时，看见一块立在州府的奇石，很是独特，一时欣喜若狂，便让随从给他取来袍笏，穿好官服，执着笏板，如对至尊，向奇石行叩拜之礼，还称其为“石丈”。可见其爱石成痴。

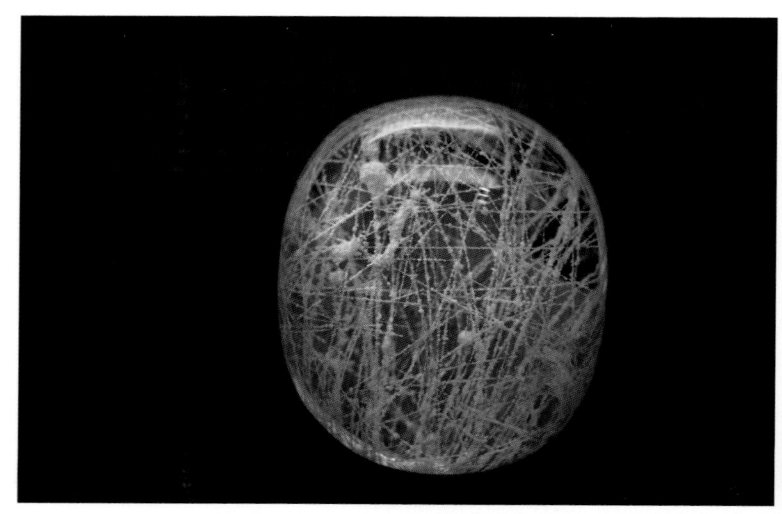

这种爱石赏石的自然情怀，自古有之。这种追求回归本性，回归自然的传统，世代相传。历朝历代，都有寻觅奇山异石的故事，依据地域的特点，自然条件的不同，产生了不同的赏石偏好，逐渐形成了各种赏石的流派。

众所周知，我国古代的赏石流派主要是以灵璧石，太湖石、昆石、英石此四大名石作为基础的。在此基础上，不断丰富，新的石种不断涌现，层出不穷。除去稍早的雨花石外，新军突起：戈壁石、摩尔石、雅丹结核石、云南铁胆石、九龙壁、长江石、黄河石、三江石等等。

赏石流派的划兮，也更加地细致。有以画面划分的画面石派，有以形态划分的形态石派，有以地域划分的台派，海派、岭南派……

遗憾的是，天地之间最灵通秀美的水晶，最变幻多姿的水晶，却没有一席之地。

为此，作为在水晶文化界行走多年的东海水晶人，就东海水晶观赏石与中华赏石流派之间的关系，浅谈几点看法。

一、水晶观赏石丰富多彩的观赏意境，进一步诠释了中华赏石流派艺术美。

从身份上讲，观赏石是指大自然形成的，具有观赏、收藏、科学、经济价值的石质艺术品。水晶具备了所有这些特点，而且具体诠释，升华了这些特点。水晶不但是石，而且是宝石级别的观赏石。宝石专家赵松龄先生曾经说过：“水晶晶体内，有一个奇妙的矿物世界，是一个丰富多彩的矿物博物馆”。从这句话，可以看出，水晶的世界里，在澄澈剔透的晶体里，包裹着各种各样的物质，大自然原生态的物质，形成了变幻莫测的图景，画面：人物、动物、青山、绿水、长河落日……无所不有，应有尽有。大自然的鬼斧神工，在水晶观赏石的世界里，体现得淋漓尽致。修炼了几千万年，这种藏在深闺之中的灵石，如今走入了千家万户，走进了四面八方收藏者的宫殿、阁楼，羞怯地，却秀美而惊艳地登场。一登场，就用自身非凡的美丽，征服了众多挑剔者的目光，收藏界的镁光灯，也齐齐地聚焦过来。你无法抗拒，无法抵御那种清新之美，那种自然之美，那种穿透而永恒的美，那种让你在浮世中久违了的心灵的悸动。哪怕你是最挑剔的批评者，最挑剔的审美者。

二、水晶观赏石厚重的国学文化佚名，无疑进一步提升中华赏石流派的品位。

在水晶之乡的东海，一件件经典的水晶观赏石，让藏者引以为傲，让观者留连忘返：“人约黄昏后”、“骆驼峰”、“冰河之恋”、“大漠新月”、“关山飞渡”、“美猴王”、“清明上河图”……数不胜数，不胜枚举！一幅幅大自然的画卷，灵动、鲜活而永恒地定格在纯净剔透的水晶里，让观赏者仿佛走进一个远离尘世喧嚣的清净世界，让心灵接受一次洗礼！

水晶观赏石形成如许之多的画面，意境。而这些画面，意境，和我们生活经验的积累，传统文化的沉淀，有很大的关系！热爱自然，热爱生活，热爱生命，热爱社会，具备了仁爱之心，进而把这种心情的体验，转嫁到水晶观赏石上面，让生活中听到的看到的，或者是传说的图景，故事，在水晶观赏石中再现，由此自然就会有产生一些美好的名字。观赏石的命名，引导每一个观者，产生共鸣。有了共鸣，每一块水晶石就“活”了！有了生命，有了价值！而这一点也是水晶观赏石吻合我国赏石流派的核心价值观的重要体现！

三、水晶观赏石的便于收藏，理应纳入中华赏石流派。

古代的寻常百姓，是难以见到一块上好品质的水晶的。所以，美丽的水晶，始终蒙着一层面纱，大众并不真正认识了解它，甚至认为水晶是千年老冰所变。故而有称之为“千年冰”的。基于问世很少，鲜有寻常百姓能够一睹水晶的芳容，更别说能形成独立的赏石流派了！

“旧时王谢堂前燕，飞入寻常百姓家”。

今日之东海，今日之全国的晶迷，已经很容易淘到一块自己喜爱的水晶观赏石。很多人把自己的收藏放置在卧室里，有的就摆放在床边的小几之上，有的床边另设一小床，小床上摆满了大大小小、形态各异、景色各异的水晶石。每晚睡前，逐一把玩一番，方才可以安心入睡，真可谓“人无晶不贵，居无晶不安”啊！其痴迷程度有得与古代石痴米芾一比。试想如果米芾在世，看到如此之多的美丽的水晶石，还不知道会痴迷到什么程度呢！

水晶观赏石，大自然最慷慨的馈赠，最美丽的瑰宝。它不同于只有外在造型的造型石；也有别于只有画面的画面石；甚至和大自然的矿物晶体石派亦有区别。一幅幅的美景，躲在水晶的晶体里，藏在水晶的心脏，有骨而有肉，有造型有画面，变幻多端，生动而灵韵。它，独具一种穿越之美，极远的又是极近的，展现在你的面前，触手可及。却又似相隔千里万里，千年万年。它交融了各种石派的特点，却又有别于任何一种赏石流派。

水晶观赏石，理应成为我们中华灿烂的赏石文化流派中独立而重要的一派。也是我们丰富的赏石文化中，又一枝奇葩的绽放。

这枝奇葩将常开而永不凋谢！

圣 地

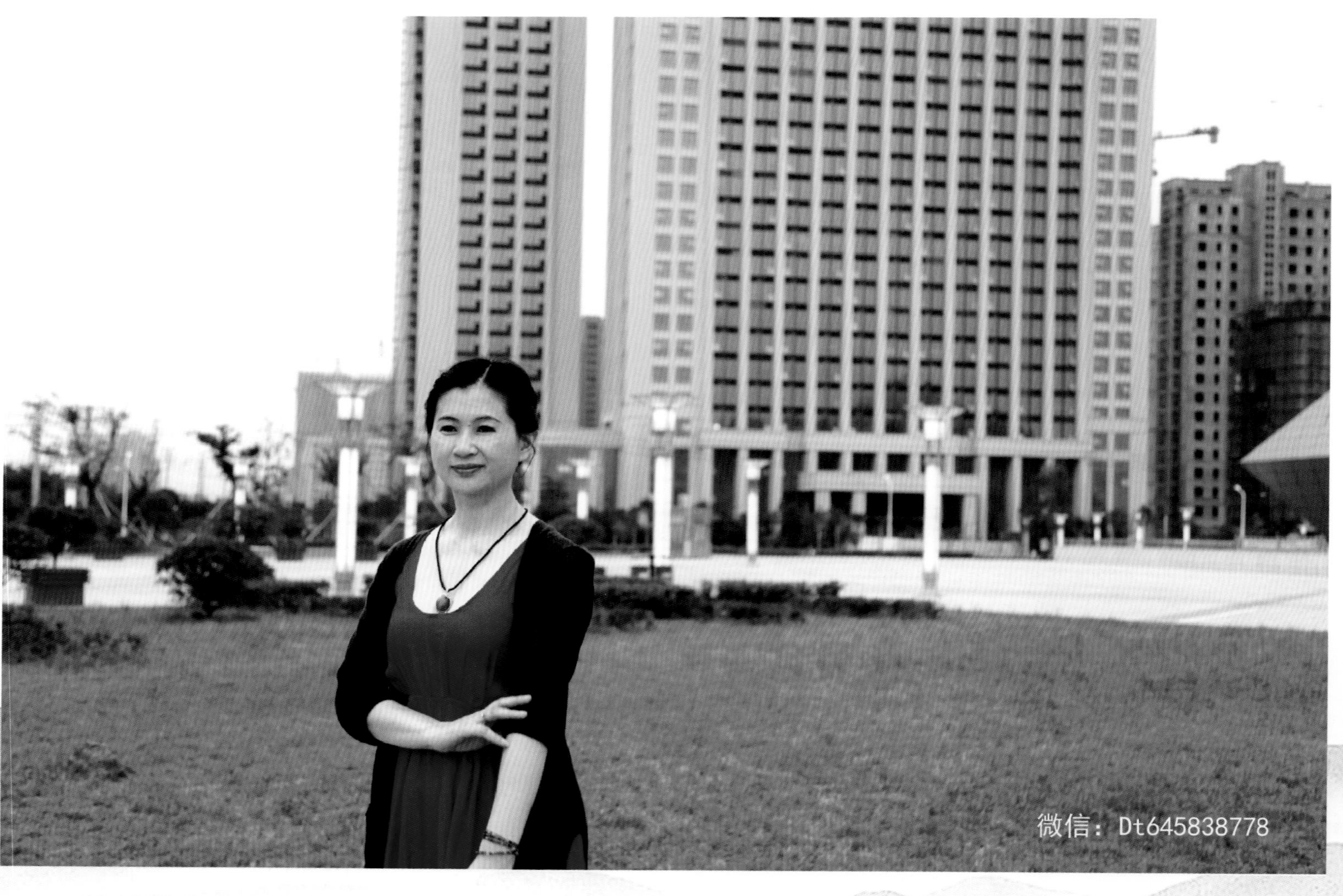

段婷

（岳麓悟石珠宝有限公司 总经理）

《在最美的时光遇到你》

作者：段婷

一季花开 真情绽放
温情一瞬 相拥一世
深情注视 默默相许
佛光流年 深藏于心
手捧一片的晶莹
守候千年 红尘邂逅
只为那相约的誓言

题名：卧佛

材质：钛晶

规格：38cm*20cm*22cm

收藏：段婷（岳麓悟石珠宝有限公司）

品鉴：这是一尊经典的钛晶雕刻摆件

菩提树下，佛祖安详而卧。『卧榻』之下是满满的，素有『水晶之王』之称的钛晶，那金碧辉煌，犹如万道佛光，照耀着每一个朝圣者的心灵。

虽说六祖慧能的禅修境界更胜一筹，看世间万物无不是一个『空』字，视一切为无物，『菩提本无树，明镜亦非台。本来无一物，何处惹尘埃』。但作为一个食人间烟火的凡夫俗子，享市井之乐，得山水拳石之趣，面对此尊佛祖，心念里，似更喜爱五祖神秀的『身是菩提树，心是明镜台。时时勤拂拭，勿使惹尘埃』。感觉更具世间生息，同时亦不失谨慎，空灵、禅境。答案自在每个观者心里。

题名：五世同堂

材质：天然水晶（钛晶）

规格：63*43*33CM

收藏：段婷（岳麓悟石珠宝有限公司）

品鉴：狮子，不管在东方文化中还是西方文化中，都是一种备受人们喜爱敬畏的灵兽，象征着勇猛，力量，权力。而如果既有老狮子，又有幼狮的，又象征子孙连绵，家业兴旺。

狮在我们中国传统文化中，号称『百兽之王』，象征权威，富贵，是辟邪镇宅的祥瑞之兽，常有戏狮或者狮子滚绣球的活动，瑞狮戏球，表达生活多姿多彩，如意相伴！

作品选用珍贵的进口钛晶作为原料，利用原料上部透明部分，生动的雕琢了雌雄二狮与三只幼狮共同玩耍的场面，形象生动可爱，栩栩如生，憨态可掬，五只神态各异的狮子同戏晶球，展现了一幅祥和，欢乐，喜庆的场景。

其原料底部钛晶的完美呈现，金光耀目，与上部顽皮却又不失霸气的狮子，遥相呼应，尽显王者气度！

整件作品，工艺精湛，抛光细腻精良，原料稀少珍贵，使得它无可争议地跻身水晶艺术品精品之巅。

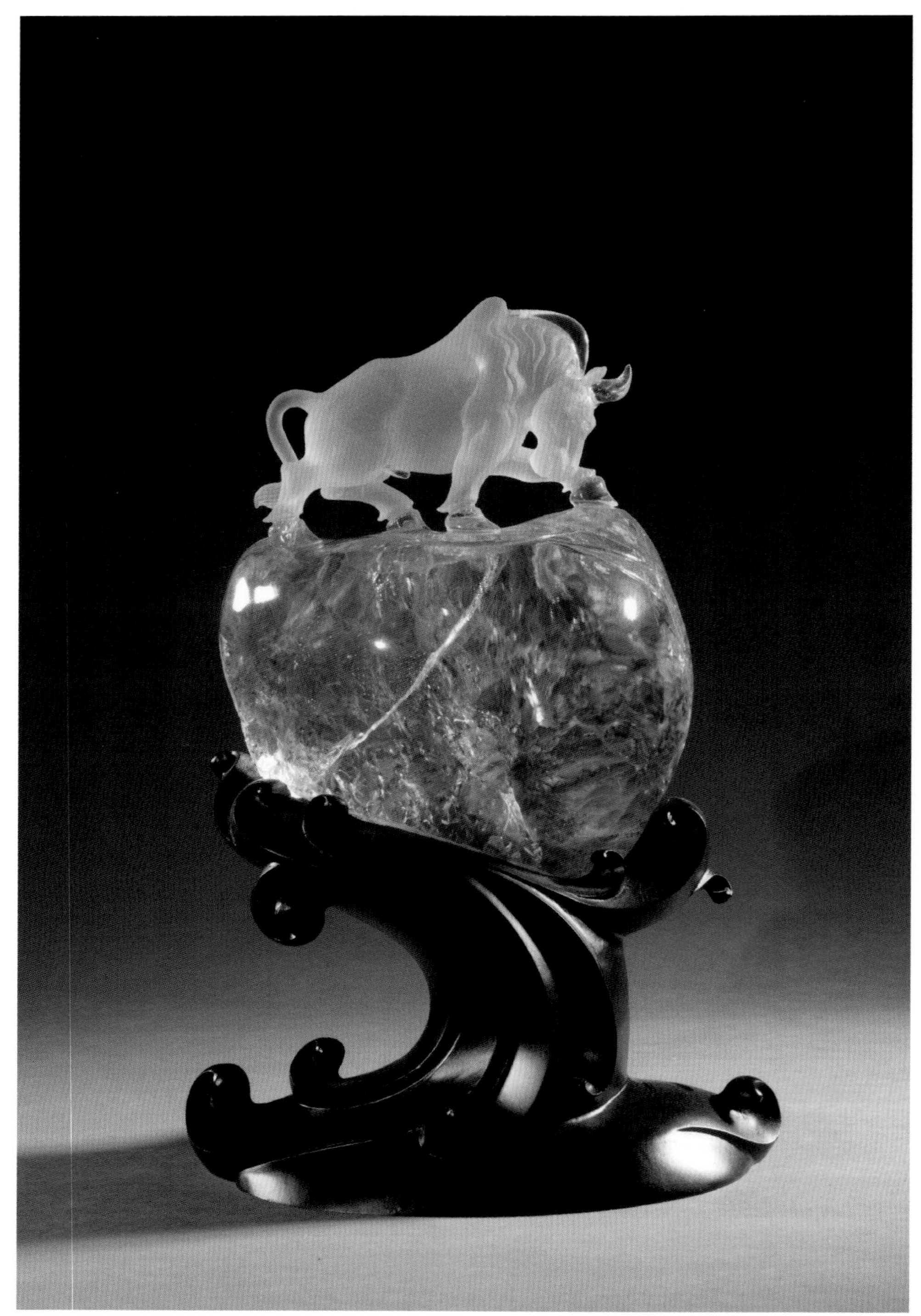

题名：气冲斗牛

材质：天然黄胶花水晶

规格：12cm*20cm*28cm

收藏：胡明华（碧云轩水晶商行）

品鉴：在我国，牛象征着勤劳，吃苦耐劳，忍辱负重等优良的品性。牛在早期的农耕社会和人们的生活更是息息相关。自古以来牛就是人们忠实的朋友、劳作的好帮手。鲁迅曾说过『横眉冷对千夫指，俯首甘为孺子牛』，来表明他的心迹。另一方面，牛也代表『牛气』、『牛劲』、百折不回的一股子闯劲！因为这种『牛气』，所以最早的纽约证券交易所门前，就安放了一头健硕的铜牛，后来又搬到与华尔街斜交的百老汇大街上安了家，象征着『力量』和『勇气』。

牛因为这些优良的品质，成为了雕刻师们雕刻艺术品的吉祥题材。

此件作品，便是挑选了上乘的水晶原料，精心设计，精工雕琢而成。整个牛的气势，健壮，体现得淋沥尽致。为了得到最佳的视觉效果，牛的主体部分作了磨砂处理。这样看起来层次分明，更增添了艺术效果。

题名：三羊开泰

材质：天然黄胶花水晶

规格：18cm*30cm*45cm

收藏：孙新兵（水晶悟语）

品鉴：我国古代羊与阳同音。羊即为阳。三阳依照字面来析，就是所谓的早阳、正阳、晚阳。朝阳启明，其台光荧；正阳中天（有如日中天之说），其台宣朗；夕阳辉照，其台腾射。三阳均寓示生机勃勃之意。『泰』是卦名，乾上坤下，天地交而万物通也。『开泰』就是大开财路，大开爱门，预示一切美好都将开启。

作品原料选自马达加斯加进口的黄胶花水晶。晶体通透，澄澈如水，是一块上乘的好料。依原料造型巧妙设计，雕刻出峻拔的山峰，山峰之上，精雕细琢了三只栩栩如生的羊，神态儒雅温和祥顺，看起来舒心喜庆，大有一种春风荡漾、大地回春、万象更新的气象。预示着兴旺发达，诸事顺遂的美好前景。

题名：少女

材质：天然黄兔毛水晶

规格：38mm*83mm

收藏：段婷（岳麓悟石珠宝有限公司）

品鉴：这是一件很美的雕刻艺术品，原料选用非洲马达加斯加进口的上乘水晶，俏色的应用极其巧妙，黄兔毛水晶的俏色设计为少数民族少女插满鲜花的俏媚发饰，把一个美丽的少女雕刻得惟妙惟肖，神形兼备。在和煦的春光里，多情的少女在开满野花的草原，抑或是坡提上，舞动春风；还是徜徉在春风中，情窦初开，默默思念着心中的美少年！

看那一脸娇羞的模样，忍不住想到李清照笔下的『和羞走，倚门回首，却把青梅嗅』的小姑娘。女孩，你莫不是《点绛唇•蹴罢秋千》里的写照。

姑娘哟，你娇羞可人，脉脉含情，集中国传统美女的美丽于一身。还多了几分冰清玉洁。假如西施，貂蝉、王昭君、杨玉环四大美女在世，也定会嫉妒你几分吧！

细细品你赏你，看那俏丽的发饰，隐约还有少数名族的遗风。对，你怎么还神似彝族那个美丽的姑娘阿诗玛呢！

也许，你就是一切美好事物的化身，如一袭春风春雨，带来一片无限生机。

钛晶(神 兽)

发晶(一鸣惊人)

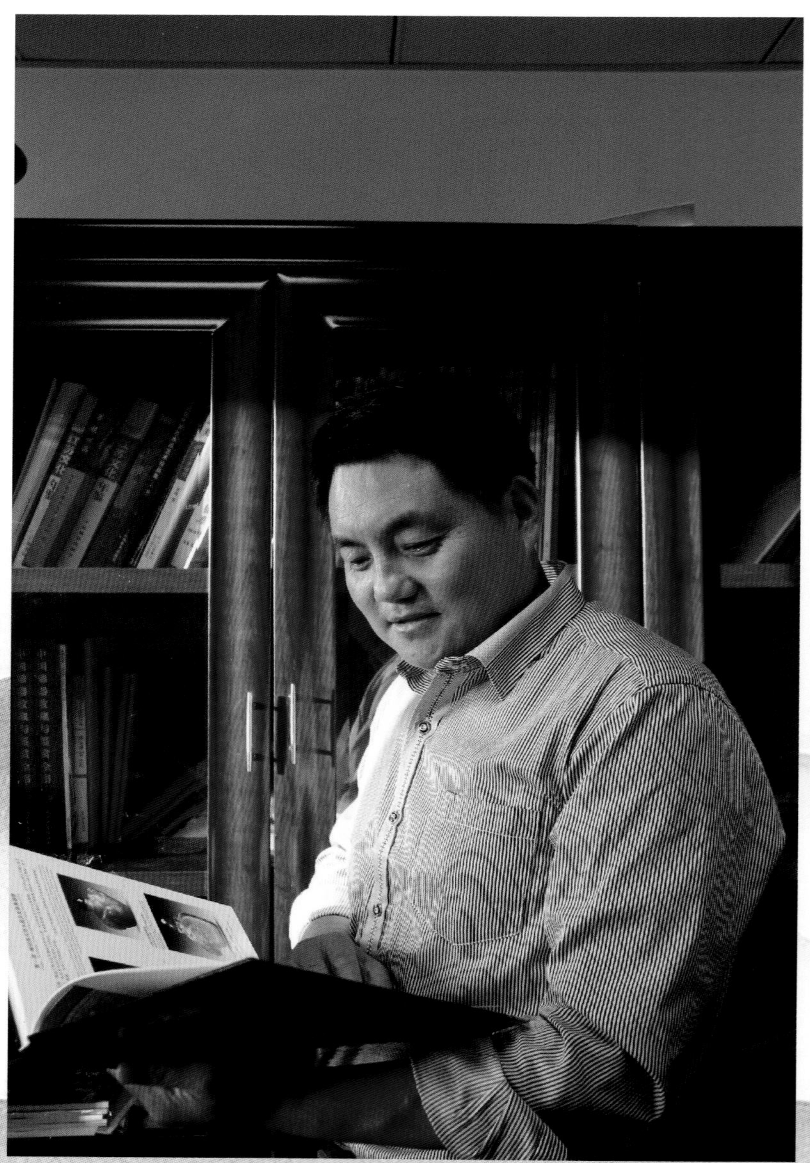

陈士军

1972年6月出生，中共党员，本科学历。连云港市作家协会会员、连云港市民俗协会会员，曾在《中国文化报》、中国文化市场网、《科学教育研究》、江苏省新闻出版依法行政理论与实践研讨会、江苏文化周讯、连云港文化、连云港作家网等发表文学作品和理论文章30余篇，并荣获过连云港市文化理论创新工程一等奖。2001年从部队回地方，先后在东海县县委扶贫办、文化市场稽查队、文化局、文化广电体育局、新闻出版局等单位工作。现兼任江苏省水晶文化研究会驻会。

东海水晶文化之渊源

文/陈士军

东海，得天地日月之精华，萃山川江河之灵魂。水晶的光芒从亿万年前的时空中穿越而来，璀璨绽放。从江苏省第一个旧石器遗址大贤庄遗址、新沂花厅新石器遗址和海州汉墓群出土的水晶削刮器、水晶饰品和水晶雕刻件推算，东海水晶的发现和利用，早在一万年前的旧石器时代就开始了，汉代时已形成初步加工规模。东海是我国水晶开采和天然水晶工艺品主要发源地和产区之一。

东海水晶历史文化源远流长。据《江南通志》记载："牛山（今东海县城所在地），在海州（今连云港市）西北七十里，产水晶石。"1974 年在东海县山左口大贤庄发现旧石器，考古学者先后采集了多件石制品进行分析研究。发掘器形大致可分为石砧、石锤、石球、尖状器、盘状器、刮削器、砍伐器、手斧等。水晶刮削器种类齐全，其中一件为船底形，又称楔状石核，因其为亚洲东部、日本和北美大陆细石器所特有，故有"楔状洲际石核"之称。1979 年，考古工作者又在这里采获了 200 多件石器标本，新发现有细石叶、细石核、船底形石核、铅笔头状石核、指甲盖型刮削器、圆底形镞、雕刻器等，这些细石器的石料有燧石、玉髓、玛瑙、水晶、石英、石英岩和脉石英等。东海县山左口大贤庄遗址距今约 1.6 万至 1 万年。

1950 ～ 1989 年，南京博物院先后三次对新沂花厅墓葬群进行发掘，墓地出土玉器（水晶饰品）数百件，如璧、琮、锥形、串饰器佩等，年代约为公元前 3000 年。在四号墓中，发现一块陶板上镶嵌八颗绿松石，这是我国首次发现新石器时期陶器上的绿松石镶嵌。其琮和锥形器上兽面（或神徽）与太湖流域的良渚文化玉器纹饰完全一致。

20 世纪 60 年代初，在海州北门外新海发电厂二期工程扩建时，出土了清代水晶饰品"水晶顶冠"，"水晶花翎插管"等，说明清朝政府把东海水晶制成工艺品，作为官员顶戴上的标志，用于官阶。现存连云港市博物馆。清光绪、宣统年间，在东海县房山因挖水晶，先后两次发生大规模械斗事件，打死打伤多人。反映了在 100 多年前，东海人民为挖水晶而拼命相争的事实。后海州官下令"不准再挖"。

1978 年，对海州小焦山进行挖掘，在戴胜墓出土了汉代两只"水晶小饰品"，显示出汉代水晶工艺品的风格。说明当时人们把它视为"观赏石"加以收藏，现存连云港市博物馆。同在汉代，东海境内的曲阳故县，今为东海县的曲阳乡和近邻的新沂花厅浪渚遗址出土了 18 棵"鼓形水晶串珠"，造型雅典，别具一格。反映了两千多年前东海水晶文化的历史价值。

1982 年，东海县西朱范村农民王绍达在建房取沙时，出土了清末民国初期 64 枚水晶章料，其中有两枚水晶镌刻清晰的印章，一枚叫“瘦人”，另一枚叫“云台山是旧家乡”。“瘦人”印章高 4.6 厘米，长 3.4 厘米、宽 2 厘米，呈椭圆形，为篆书。现存东海县博物馆。反映了清末民国时期东海水晶工艺品的历史文化水准。

新中国成立后，民间适用性需求除加工制作水晶眼镜外，水晶工艺品基本作为奢侈品在民间生产加工。国家对东海的水晶资源开采、利用非常重视，从 1953 年起就委托供销社为国家代收购水晶，成立了“地方国营东海水晶 105 矿”专门从事水晶的开采、收购、管理等工作，东海水晶年开采量常年维持在 400-600 吨，占全国的三分之一。

改革开放后，东海人民充分利用水晶及硅资源优势，积极发展水晶文化产业及硅系列产品加工业，使其逐步成为东海经济发展中的支柱产业。20 世纪 80 年代，东海水晶文化进入了一个新的发展时期。在两千多年历史文化的积淀中，东海水晶文化表现艺术，在全面继承玉雕的技法上，锐意创新。以江苏省工艺美术大师沈明川为代表，他发明的“局部喷砂”新工艺，移植于水晶雕刻，被全国广泛采用，使水晶艺术文化表现形式大放异彩，属国内首创。东海水晶文化传承是玉石文化的延生和再发展，是我国民族传统文化的传承与创新。水晶(摩氏 7-7.5 度)硬度高于玉(摩氏 4 ～ 6 度)，同时天然水晶拥有质地、形态、色彩及其它玉石所不具备的丰富包裹体、水胆等特点。只有遵循传统文化规则，结合现代创意理念，才能创意设计出有深刻文化内涵的形、色、意兼备的艺术品。特别是进入 20 世纪 90 年代，中国工艺美术大师、中国水晶雕刻第一人仵应汶，充分运用传统“圆雕、浮雕、透雕、线刻、反雕、借景、借色、借形、阴雕、阳雕、虚实兼并”等艺术手法。并结合现代镶嵌工艺点缀及亚光、亮光等技法，琢磨抛亮天然水晶的新思路、新工艺、新手法与一体。这一创举，填补了中国“天然水晶艺术雕刻”作品史的一项空白，领先并主导着中国乃至世界“天然水晶艺术雕刻”作品工艺的新潮流。其作品《三教九流图》，被作为国礼赠送俄罗斯总统普京。

近几年以来，东海建起了国内唯一以水晶为主题、涵盖水晶形成展示、水晶文化发展、水晶藏品展陈等为一体的综合性功能博物馆——中国东海水晶博物馆；建成了全国首家省级水晶文化创意产业园，成立了全国首家以研究水晶文化为主的社团组织——江苏省水晶文化研究会；出版发行了全国唯一的水晶专业杂志《东海水晶》；启动建设了占地面积 452 亩的全国最大水晶交易市场——中国水晶城；拥有“中国水晶之都”、“中国珠宝玉石首饰特色产业基地”、“中国观赏石之乡”、“中国政务商务礼品基地等桂冠”。全国驰名硅工业企业太平洋、晶海洋、中材高新、沃鑫、福东、康达等 500 多家，让东海跃居“世界东方的石英中心”和“中国高新材料硅产业基地”。东海也借助大自然的精妙杰作，实现了以“水晶为媒介，让世界了解东海；以水晶为桥梁，让东海走向世界”的蝶变。

水晶文化的不断升温，孕育着晶都文化，奠定了东海“文化晶都”的地位，2009 年在江苏省所有建制县中，东海县惟一捧得“全国文化先进县”的桂冠。“务实、包容、创新、开拓”新时期的“东海精神”更加诠释了水晶深层次的文化内涵。从中国(世界)首枚“东海水晶”邮票全国首创发行，到东海成功举办了十二届水晶节，举办了全国水晶楹联大赛、六届“晶城杯”江苏省水晶工艺品大赛，在北京人民大会堂举办了中国天然水晶工艺品“百花奖”评选活动，举办了首届中国水晶文化高峰论坛。以水晶为题材的影视、戏剧、诗歌、散文、美术、书法创作如火如荼，电影《水晶心》、电视连续剧《血染紫晶》、《水晶缘》等影响广泛。四集电视戏曲片《春打六九头》在央视戏曲频道播出。现代吕剧《红丝带获江苏省“五个一工程奖”。围绕水晶创作的主题歌曲《水晶之恋》荣获全国城市形象歌曲大赛金奖、《福如东海》在全国唱响。从 2009 年第一次以文化产业获得省级文化产业扶持资金 300 万元，到以水晶文化创意产业园获得国家级扶持资金 500 万元；从央视的《水晶传奇》到 2013 年《央视寻宝——走进东海》，东海水晶地藏王菩萨造像被评为“最具历史文化价值”的藏品；从“江苏符号”全球征集，到“东海水晶”成功入选；从“大姐吴兆娥”、“石来运好”荣获中国驰名商标，到东海跻身“中国水晶雕刻艺术之乡。这一路无不凝炼和传承着东海水晶独具特色的文化个性、文化品位和历史文化渊源。

东海水晶悠久的历史文化，是中华民族民间艺术长河里的一朵璀璨的浪花，水晶文化蕴涵着中华文化的精髓，是中华文化的象征，东海人民正借助这得天独厚的水晶自然资源，充分发挥水晶创意文化这个当前最具优势的文化战略资源，构筑着东海水晶民族文化品牌。发扬民族的传统文化优势使水晶文化创意产品有了魂魄，才会增强文化对外交流信心与气魄。有句话讲的好，民族的也是世界的，弘扬中国文化，富含国学文化元素的东海水晶是最好的载体。解放和发展文化生产力，依托深厚的民族文化底蕴，借助天然水晶晶莹通透的自然美，独特的表现力及可塑性，做好水晶民族文化品牌创造生产力这篇大文章，从而推动东海水晶民族文化朝阳产业的可持续发展是当代东海人不可推卸的责任，需要几代人来维持。

绿幽灵（国宝）

绿幽灵（春江水暖）

年年有余

螳螂南瓜

掌传江

1963 年 2 月生，江苏东海人，现任东海县供销合作总社办公室主任，《中国东海水晶博览》副主编，合著“符号江苏”《东海水晶》一书。

感悟矿晶之美

文/掌传江

西方有一句谚语：石头是上帝随手捏的，晶体是上帝用尺子精心设计出来的。

所谓晶体，是质点（原子、离子或分子）按照一定的周期性在空间排列，并且在结晶过程中形成具有一定规则的几何外形的固体物质。晶体一般呈固体形态，其内部原子的排列十分规整严格并呈周期性。晶体按其结构粒子和作用力的不同可分为四类：离子晶体、原子晶体、分子晶体和金属晶体。如食盐是钠离子和氯离子通过离子键结合形成的离子晶体、金刚石是相邻的碳原子通过共价键结合形成的原子晶体、冰是水分子间以范德华力相互结合形成的晶体，自然铜、自然金属于金属晶体等。晶体物质随处可见，我们看到雪花，吃的食盐，脚底下的沙子，还有我们的牙齿，都是晶体物质。

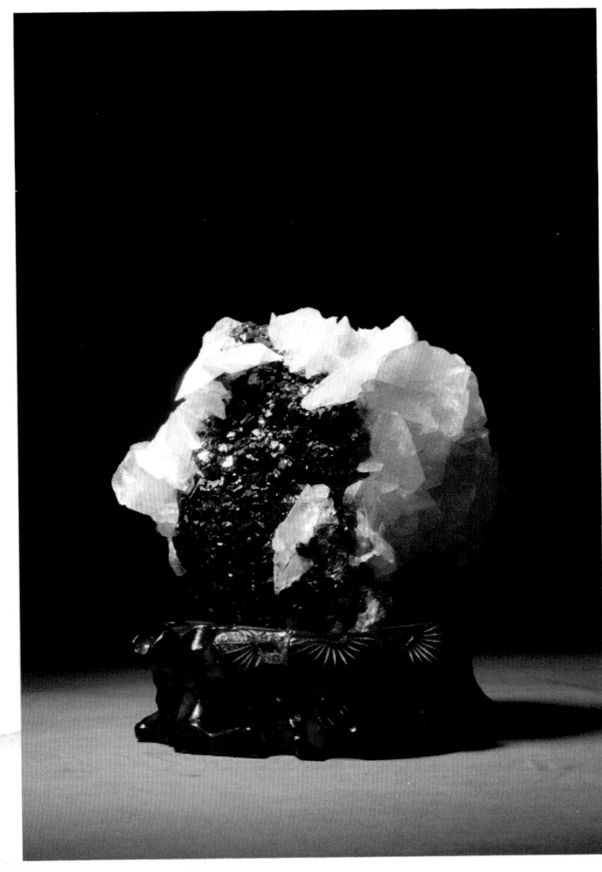

地球上已发现 4300 多种矿物，只要给它们适当的生长空间，它们绝大部分都可以以晶体形态出现。各种矿物晶体的外部表现形态都是一定的几何图形，或方或圆，有规有矩，棱角分明，一丝不苟。它们点、线、面、角奇妙组合，块、体、型、质交相辉映，让人们在欣赏矿物晶体千姿百态、千变万化的晶体形态时，感悟着其精美绝伦、奇妙无比的美学价值。一块矿物晶体，直观上，人们可以领略它的结构美、对称美、色彩美和协调美，细细品来，又可以发现它的韵律美和意境美，从而达到认知上的升华，让人沉醉于大自然的神秘造化之中。

结构美：

矿晶的结构之美，一方面表现在其内部结构。矿物晶体内部结构中的质点（原子、离子、分子）有规则地在三维空间呈周期性重复排列，组成一定形式的晶格。晶格展示了各种矿物内部质点排列方式，质点的排列方式形成了矿物的结晶习性，不同的结晶习性决定了晶体不同的外形。一般来说，晶体的内部结构肉眼是看不见的，要想领略它的风采，常用的方法是借助 x 光技术。观赏、认识晶体内部结构是人们了解自然、认识自然、改造和利用自然的重要途径。

通过对晶体的研究，人们把晶体内部结构分为七大晶系、14 种晶格类型。七大晶系包括：立方晶系(等轴晶系)、六方晶系、四方晶系、三方晶系、斜方晶系、单斜晶系、三斜晶系。14 种晶格包括：简单立方、体心立方、面心立方；简单三方；简单六方；简单四方、体心四方；简单正交、底心正交、体心正交、面心正交；简单单斜、底心单斜；简单三斜等。

矿晶的结构之美，还表现在其形式多样的外形上。矿晶大都是一定形状的几何多面体，晶面通常是有规则的，平整光滑，就像人为特意加工的一样。由于生长的条件不同，晶体在外形上可能有些歪斜，但同种晶体晶面间夹角是一定的，称为晶面角不变原理。矿晶的几何多面体包括球形、柱形、锥形、板(片)形等等。如球形的水硅矾钙石、立方体的黄铁矿、六棱柱的海蓝宝、四棱锥的鱼眼石，六棱柱(锥)的水晶、八面体的萤石、十二面体的石榴石等等。不夸张地说，凡是人能画出来的几何图形在矿晶世界都能找到。不同的矿物，由于其内部原子排列方式不一样，都有其特有外表形态，即使是同一种矿物，在不同的地质条件下和空间环境中，也会形成不同的外部形状。如方解石有上百种晶形，萤石有立方体、八面体、十二面体等等。总之，由点、线、面、角等构图要素组成几何多面体，充分展示了矿晶结构之美。欣赏这些由“上帝”精心绘制的几何图形，可以发现诸如统一、均衡、比例、力度、韵律等构图美学要素，由这些要素构成的结构才是美的结构。

对称美：

对称是指图形或物体相对某个点、直线或平面而言，在大小、形状和排列上具有一 一对应的关系。矿晶的对称表现在晶体中相等的晶面、晶棱和角顶有规律的重复出现。矿晶的对称性不仅表现在外部形态上，而且其内部构造也同样也是对称的。矿晶有 32 种对称元素，诸晶系的对称元素是特定的：如三方晶系，有四个结晶轴，唯一高次轴方向的三重轴或三重反轴；四方晶系有三个互相垂直的结晶轴，唯一高次轴方向的四重轴或四重反轴；正交晶系(斜方晶系)有三个互相垂直但是互不相等的结晶轴，三个结晶轴分别相当于三个互相垂直的二次轴；六方晶系有四个结晶轴，唯一高次轴方向的六重轴或六重反轴，一个 6 次对称轴或者 6 次倒转轴，是晶体的直立结晶轴等等。晶体结构中只有 1、2、3、4、和 6 次对称轴，晶体在外形和宏观中反映的轴对称性只限于这些轴次。

矿晶的对称性在等轴晶系的矿物中表现最为突出，它不仅有 3 个等长且互相垂直的结晶轴，而且有 4 个立方体对角线方向的三重轴。这类矿晶如

立方体的萤石、黄铁矿等，其外形或其内部结构都是对称图象，这类图象在不改变其中任何两点间距离，作平移、旋转、反映和倒反等对称操作后都能复原。有些双晶、多晶的外形更是有趣，如燕尾状有石膏双晶、蝴蝶形的方解石双晶、水晶中的日本双晶，其晶体按照固定的夹角孪生在一起，展现出奇特的造型和对称之美。

矿晶的理想外形或其结构都是对称图象。矿晶对称的理想外形在视觉上有自然、安定、均匀、协调、整齐、典雅、庄重、完美的朴素美感，符合人们的视觉习惯。古希腊哲学家毕达哥拉斯曾说过："美的线条和其他一切美的形体都必须有对称的形式。"换句话说，对称是美的前提。自然界、人类社会随处可见对称的事物，如蝴蝶的翅膀、鲜花的花瓣、空中飞舞的雪花，还有男和女、阴和阳、美和丑、成功和失败……对称美让世界更加美丽和丰富多彩。我们生活在对称美的世界里，尽情享受着对称美的陶冶。对称美无处不在、无处不有，没有对称，就没有平衡。读懂了对称美，就读了懂做人做事的道理。这或许是矿晶给人们的启示。

色彩美：

赤、橙、黄、绿、青、蓝、紫是用来描绘颜色和色彩的。徜徉在矿晶世界里，你会发现各种颜色应有尽有。素的钻石、红的辰砂、黄的砷铅矿、绿的孔雀石、蓝的刚玉、紫的水晶、青的辉梯矿、黑的锡石……真是枚不胜举。矿晶往往是由多种元素共同结晶而成的，颜色的组合更是妙不可言。一块矿晶有时会呈现多种颜色，如西瓜碧，就是由红到黄绿再到绿的颜色过渡与组合。这是因为电气石常具有色带现象，同时，又因为富含铁而呈黑色、富含锂、锰、铯而呈玫瑰色或淡蓝色、富含镁而呈褐色和黄色、富含铬而呈深绿色。当多种元素共同结晶时，就会出现多色现象。

各种物体因吸收和反射光的电磁波程度不同，而呈现不同的色彩和光泽。矿物晶体具有丰富的光泽和不同的透明度。有光芒四射的金属光泽，如辉锑矿、方铅矿等；有璀璨夺目的金刚光泽，如金刚石、白钨矿、辰砂等；有晶莹剔透的玻璃光泽，如水晶、碧玺、海蓝宝等；有温柔细腻的油脂光泽，如闪锌矿、方解石等；有星光闪耀的珍珠光泽，如云母、孔雀石等。许多矿晶的色彩乍看并不起眼，但因其特有的光泽，当转动晶体时，五颜六色的光彩会在各个晶面流动、变换，在各个点、线、面间闪烁跳跃，此起彼落，让人目不暇接，如黑钨矿、黑色锡石等。有的则呈现星光效应和猫眼效应，闪烁娇艳，奇妙无比。矿晶的透明度有透明、半透明、微透明、不透明之分，通常情况下，金属和半金属光泽的矿物是不透明的。在同种矿物中，透明度高的价值就高。

色彩具有情感属性，会对人的生理、心理产生特定的影响。如红色通常传递着热情奔放、活泼兴奋信息；蓝色会让人觉得静谧、忧郁；绿色张显生机、平稳、清爽；白色代表纯净、素雅；黄色显得明亮、快乐等。人们可以根据自己的性格、爱好选择适合自己的宝石、矿物。

翠绿色萤石　产地（江西）

协调美：

自然界中的矿晶生长要受到地质条件、生长空间、温度、压力、生长时间、其它元素的介入等诸多因素的影响，很难达到理想的结晶状态。我们见到的矿晶标本，有的是以标准的或者有缺陷的单晶体、双晶体或多晶体出现，有的是以晶体加母岩的形式出现，有的是以多个单晶或多种矿晶组成的晶簇出现。因而矿晶的协调美表现在矿物标本平面布局、色彩搭配和空间平衡，包括晶体与晶体之关系、晶体与母岩之间关系等。矿晶的协调美，表现在晶体表面的晶纹、蚀象(结晶缺陷)、晶面角的大小、晶棱曲折所构成的几何图形，或标准规整，或"病态残缺"，都透视着其生长环境、生长过程的玄机，让人领略大自然各种力的较量与妥协，令人产生无穷的震撼、敬畏和遐想。矿晶的协调美，表现在各种晶簇上的晶体与晶体之间的布局与平衡。不论是同一种矿物晶簇，还是多种矿物共生的晶簇，晶体与晶体之间无不展示着相互间的竞争、对抗和谦让、妥协，最终实现平衡和谐。犹如一座城市，有着各式各样的建筑，住着不同的人群，大家通过某种规则，同生共处，共同维护着自己的家园。矿晶的协调美，还表现在色彩的搭配上。在一块好的标本上，不难发现晶体大小错落有致、主次分明，晶体的颜色也会有明显的差别。当鲜艳的红、黄、蓝、绿、紫色矿物有黑色、白色、无色的矿物晶体衬托时，标本显示出更加丰富、更加强烈的色彩，各种矿晶之间或主要矿晶与母岩之间红花绿叶、浑然一体，给人以视觉上冲击力。一般来说，颜色越艳丽、光泽越强烈、透明度越明亮 越能吸引人的眼球，这或许就是人们钟爱祖母绿、红蓝宝石以及碧玺等彩色宝石的缘故吧。

韵律美：

韵律，原意是指声韵和节律，或指某些物体运动的均匀节律 。矿晶的韵律美，是指单个晶体或多个晶体组成的几何图形中展示出来的有规律的变化和重复，这种变化与重复使晶体形成有节奏的韵律感，从而可以给人以美的感受。矿晶的韵律美体现在：构成晶体的原子按照一定的晶格重复结晶生长；晶体有大小不同、形状相同的重复，也有形状不同、内部结构相同的重复；还有组成元素和各种晶体组合方式的重复。这种重复的首要条件是构成矿晶元素的相同性，其次是元素运动和相互作用的规律性。这是由矿晶的特性和性能决定的：

1. 长程有序：晶体内部原子在至少在微米级范围内的规则排列、生长。
2. 均匀性：晶体内部各个部分的宏观性质是相同的。
3. 各向异性：晶体中不同的方向上具有不同的物理性质。
4. 对称性：晶体的理想外形和晶体内部结构都具有特定的对称性。
5. 自限性：晶体具有自发地形成封闭几何多面体的特性。
6. 解理性：晶体具有沿某些确定方位的晶面劈裂的性质。
7. 晶面角守恒：属于同种晶体的两个对应晶面之间的夹角恒定不变。

毛绒状的水硅矾钙石（球体直径约3厘米）

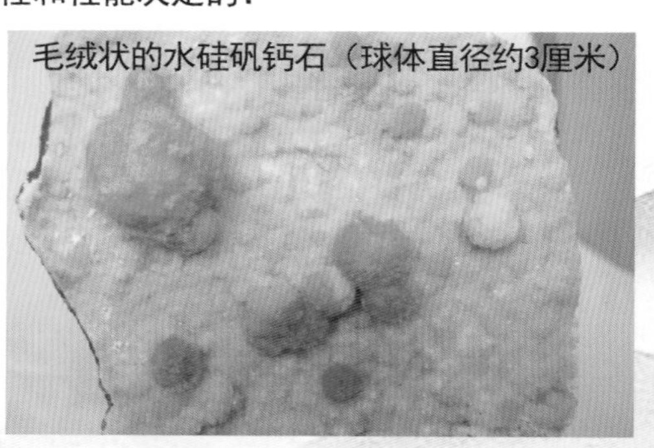

水硅矾钙石　产地(印度)

矿晶的上述述属性决定了其固有的晶形或结晶习性。当晶体在自由空间发育生长时，各晶面、晶棱会按其对称要素形成标准的形状。然而自然界的成矿环境和地质作用往往不能满足这个条件，对称的晶面和晶棱会产生差异，生成千奇百怪的变异体，出现连晶、聚晶、晶簇、畸形晶和巨晶。有的晶体是一次结晶过程完成的，有的是经过两次或多次结晶完成的，这就是晶体内部往往会出现各种包裹体的原因。有的因为结晶过程中其它元素的介入而呈现不同颜色，如水晶常为无色、灰色，当钛、铁、铝等元素介入时会呈现红色、紫色、绿色等。发晶可因含电气石常呈灰黑色、含阳起石而呈灰绿色。还有的晶体是多个个体或多种矿物同时或先后结晶 而成的，这就是我们看到的形形色色的、不同矿物组合的各类晶簇。由于这些变异晶体是特定的地质条件下的产物，不仅丰富了矿晶的品种，而且增强了矿晶的韵律美。当晶体内部质点在三维空间作周期性的重复排列，晶体渐渐长大，可以当成连续的韵律；当一种晶体向另一种晶体过渡，可以视为渐变韵律；当多个或多种矿晶以不同的速度生长，从而发生晶体大小不一、高低错落的变化，可以作为起伏韵律；当多个或多种矿晶交叉、穿插生长，可以看成交错韵律。总之，矿晶通过线条、色彩、形体、方向等因素有规律地运动变化向人们展示它的韵律美。所以，矿晶是无声的音乐，是平仄押韵的诗歌。

意境美：

从水晶观石中我们充分领略了矿晶的意境美。各种矿晶多彩多姿的外部造型和内涵丰富的包裹体，向人们展现了一幅幅鬼斧神工的精美画卷。春夏秋冬、花鸟鱼虫、山水人物、云雪雾雨，凡是自然界有的物体，在矿晶中几乎都能找到对应的图像。这些具象的，或抽象的图像催发了人们无穷无尽的想象，给人带来无以言表的美感，这就是矿晶的意境美。

所谓意境，是事物的表象在人脑中的理性的、或非理性的情感和想象的综合。意境是意与境、情与景、意识与存在相互反映所构成的意象的升华。意境的基本特征是，虚实相生。意境由两部分组成：一部分是客观存在的事物，称为“实境”；一部分是事物在人脑中反映及由此产生的情感和想象，称为“虚境”。虚境是实境的升华，处于意境结构中的灵魂、统帅地位。但虚境必须以实境为载体，没有实境，虚境无法产生。这就是“虚实相生”的意境结构原理。

中国有着悠久的赏石文化。几千年来，我们的祖先为各式各样的石头留下了数不尽诗篇和画卷，从冰冷的石头中“悟”出了许多哲理和真谛，为我们留下了丰富的文化遗产。“水无石不清，园无石不秀，室无石不雅，人无石不杰”，“君子守身如玉”，从这些诗句中可见石头在中国人心目中的位置。中国人玩石关注的重点是外形的观赏性，“漏、透、皱、丑、瘦”成为赏石的标准，那些形体奇特、色彩艳丽、质地细腻、表面圆润的石头更容易得到亲睐，大多数人关注的重点是石头“像什么”，以及石头所蕴含的象征意义。因此，中国传统的石头收藏考虑更多的是文化，而不是科学。而西方人爱好和收藏石头关注的重点是石头“是什么”，包括石头的稀缺性、材质、色彩以及石头传递的地质条件、内部结构、生长环境、元素的相互作用等科学信息和美学价值。随着矿晶逐步进入中国人的视野，相信越来越多人会在关注石头文化意义同时，更加关注它的科学价值，以激发人们对自然科学的兴趣和追求。每一种矿晶都向人们传递着其生长背景、物质组成、结构构造、化学成分等丰富信息，这些来自于亿万年前的、来自于地成球内部地质运动、来自于物质根基的信息，是人们了解自然、认识自然的重要途径。这或许是矿晶带给人们的另一种意境，而这种意境是建立在现代科学的基础之上，因而应该是更高的意境。

磷氯铅矿　产地（广西桂林）

自然铜　产地（美国）